U0220258

本书由上海文化发展基金会图书出版专项基金资助出版

"十二五"国家重点出版物出版规划项目

当代哲学问题研读指针丛书

逻辑和科技哲学系列

张志林 黄 翔 主编

科学实在论导论

魏洪钟 著

An Introduction to
Scientific Realism

复旦大學 出版社

内容提要

本书根据国内外的最新资料，系统梳理了有关科学实在论的研究成果，主要包括：科学实在论的定义、分类、主要观点、论证及当前的最新发展。本书还系统介绍了对科学实在论提出挑战的许多思潮和流派以及它们的主要论证。全书语言生动、资料翔实，适宜哲学专业的本科学生和其他对科学哲学感兴趣的文理科学生参考阅读。

作者简介

魏洪钟，男，江西赣州人。1981年毕业于上饶师专物理系。1990年毕业于北京大学科学与社会研究中心，获哲学硕士学位。1998年毕业于复旦大学哲学系，获哲学博士学位。现为复旦大学哲学学院教授、中国自然辩证法研究会会员。主要学术兴趣：科学哲学、科学技术与社会、政治哲学。主要著作：《细推物理须行乐——李政道的科学风采》。主要译著：《强制、资本与欧洲国家（990—1990）》、《民主》、《托马斯·库恩》。

丛书序言

　　哲学这门学科特别强调清晰的概念和有效的论证。初学者在首次接触哲学原典时难免会遇到两重技术上的困难：既要面临一整套全新又颇为费解的概念，又要力图跟上不断出现的复杂论证。这些困难是所有初学者都要面临的，并非中国人所独有。为了帮助初学者克服这些困难，西方尤其是英语学界出现了大量的研读指针读物，并被各大学术出版社如牛津、剑桥、劳特里奇、布莱克韦尔等，以 Handbook、Companion、Guide 等形式争相编辑出版。另外，网上著名的《斯坦福哲学百科全书》也具有相同的功能。这些读物解释了哲学原典中所讨论问题的历史背景和相关概念，提供了讨论各方的论证框架，并列出相关资料的出处，为学生顺利进入讨论域提供了便利的工具。可以说，绝大多数英语国家中哲学专业的学生，都曾或多或少地受惠于这些研读指针读物。

本丛书的基本目的正是为中国读者提供类似的入门工具。丛书中每一单册对当代逻辑学和科技哲学中的某一具体问题予以梳理，介绍该问题产生的历史背景和国内外研究的进展情况，展示相关讨论中的经典文献及其论证结构，解释其中的基本概念以及与其他概念之间的关系。由于每册都是从核心问题和基本概念开始梳理，因此本丛书不仅是哲学专业的入门工具，也可以当作哲学爱好者和普通读者了解当代哲学的一套具有学术权威性的导读资料。

　　丛书第一批由复旦大学哲学学院的教师撰写，他们也都是所述专题的专家。各单册篇幅均不甚大，却都反映出作者在喧嚣浮躁的环境中潜心问学的成果。在复旦大学出版社的积极倡导下，本丛书被列入"国家'十二五'重点图书"，并获得"上海文化发展基金"的出版资助。对复旦大学出版社的大力支持，对范仁梅老师的辛勤劳作，丛书主编和各册作者心怀感激之情！在此还值一提的是，身为作者之一的徐英瑾教授特为每册论著绘制了精美的人物头像插图，希望它们能为读者在领略哲学那澄明的理智风韵之外，还能悠然地享受一些审美的愉悦。

张志林　黄　翔

2014 年 12 月

目录

导论

当我们听到一则新闻,看到一条微博,心里总会想:"是真的吗?"事实上,我们几乎每天都会遇到辨别真假的问题。例如,当你收到一个短信,说你中了巨额大奖,让你汇款去交税。你首先就会想到,是真的吗? 如果你恰巧昨天买了一张彩票,短信说的恰好是彩票上的号码,而且来电号码是正规的彩票中心号码,你会相信这是真的。如果你啥也没做,这中奖就像天上掉馅饼一样,你肯定不会相信是真的。巨额大奖确实有诱惑,只有傻瓜才会无动于衷呢! 如果你足够聪明,你也许会回复说:"请从奖金中扣除税款,把其余部分寄给我!"如果你不够聪明,想"舍不得孩子套不住狼",来个"以少搏多",按对方要求把税款寄出,结果对方收到钱后马上玩人间蒸发,手机关机,再也联系不上,"泥牛入海无消息"。这时你才意识到自己因贪心而上当受骗,把假的信息当成了真的,给家庭带来经济损失,给自己带来了痛苦和遗憾。

其实,不仅在收到不明信息时,现实生活中时时处处都需要辨别真假。当我们购买一个名牌商品,我们会想:"它是真的吗?"当我们和人交谈,心中也常常会想:"他说这话的真实意图是什么?"当我们谈论某事,我们会质疑:"某个事情的真相到底是怎样的?"这种种怀疑说明我们其实在心里承认,同一品牌的商品确实有真的存在;在某人话语的现象后面有某种他没有直接说出来的真实的含义;在某个事情的表面现象下,有着事情的本来面目——真相、本质。事物有其真实的一面,而我们无法确定所遇到的、所见到的究竟是其真实的一面还是虚假的一面。

科学哲学中科学实在论和反实在论的争论也与日常生活中有关真假的争论类似,不过就是把要辨别真假的事情放到了科学领域而已。例如,科学哲学家们经常争论:"科学理论中假设的观察不到的对象,如原子、电子、中子、光子、夸克、病毒、基因是否真的存在?"科学实在论者认为它们确实存在,只不过我们看不到它们而已。而反实在论者认为它们仅仅是科学家为了解释某些现象或为了理论融洽而提出的假设,仅仅是**假设**而已,事实上根本不存在。此外,双方还就"科学理论是否反映了自然界(即实在)的真实规律? 即科学理论是否是真的?"展开了激烈的争论。科学实在论者认为,科学理论是对外部世界的真实反映,至少是部分正确地反映了自然规律。科学理论通过不断改进,越来越接近真理。反实在论者认为,科学家在实验中只能观察到各种杂乱的现象,科学理论是科学家为了理解这些现象（即所谓的"拯救现象"）而建构起来的，它们仅仅是科学认识中的工具，并不是什么对客观的自然界的描述或表征。科学理论和理论之外的自然界没有什么关系，所以无所谓真假，只有能否应对经验事实，能否在现象面前说得圆，即在经验上是不是恰当。

也许读者会想，我们现在生活在科学技术高度发达的 21世纪。科学技术给我们带来了许多便利。科学技术把人类送上了太空，使人类看到了裸眼看不到的星系和微生物；创造了汽车、飞机，创造了电影、电视和电脑，创造了照相机、摄影机、空调，改变了人类生活；创造了各种先进的医疗设备，使人类的平均寿命得以提高；创造了手机、互联网，使人类的通讯经历了革命性的变化……在我们身边这样的科学技术成就真是数不胜数。说带来这一切的科学理论不是真的，那些反对科学实在论的哲学家是"脑子进水了"，还是"脑子被驴踢了"？

其实事情并非这么简单。确实，在科学史上有不少科学理论在提出时被认为是正确的，但后来被新的科学发现证明是错的，有不少科学理论假设的实体后来发现并不存在，被后人所抛弃。在科学理论方面，例如古希腊亚里士多德的物理学、古罗马盖伦的医学、托勒密的天文学在西方世界统治了上千年，最后被证明是错的而遭到抛弃。在科学理论假定的实体方面，例如燃素说中的燃素，波动光学中的以太，都被证明是不存在的。所以有哲学家猜想，我们现在广为接受的科学理论,是不是以后也会被证明是错的?我们现在假定的某些观察不到的实体,如夸克,是不是以后会被证明根本就不存在?如果是这样,那谁还会说现在的科学理论是真的?这样的想法就会导致反科学实在论的产生。

有关科学实在论的争论是科学哲学中的热点问题。它涉及科学哲学的许多方面,如科学划界问题、科学解释问题、科学证实问题、科学归纳问题和科学真理问题。本书试图对科学哲学史上对科学实在论的争论进行一次梳理和介绍,重点放在"什么是科学实在论"、"科学实在论的主要论证"、"对科学实在论的挑战"、"反科学实在论的各种流派"和"科学实在论在当代的发展"上,以期能用简单通俗的语言,给读者一个有关"科学实在论"的全貌,让更多的人来关注和研究这个问题。此外要强调的是,本书重点是对当前相关研究资料进行概括和介绍,为了力求准确,其中转述或引用了大量的资料和观点。希望本书的介绍能引起更多人的兴趣,从而使科学实在论研究更深入一步。

第一章

什么是科学实在论

科学实在论问题是科学哲学的热点问题之一,它和许多其他的科学哲学问题(如科学划界问题、科学解释问题、科学证实问题、科学归纳问题和科学真理问题)都有联系。所以不仅许多哲学家和科学家直接讨论了科学实在论问题,有些哲学家在讨论其他问题时也会涉及科学实在论问题。然而,无论是赞成科学实在论的学者,还是反对科学实在论的学者,都没有在"什么是科学实在论"这个问题上达成一致。关于这个问题,尚没有一个人提出过为大家所接受的定义。这里先从科学实在论语词分析入手,对什么是科学实在论问题做一梳理。

第一节　科学实在论的由来

一、实在论术语的词义分析

实在论的英文是 realism。从词根上分析,它和 reality 都来自 real 这个词。因此要理解实在论,我们先从词根 real 入手,通过理解 real,reality 来理解 realism。关于形容词 real,《朗文当代英语词典》(*Longman Dictionary of Contemporary English*)的定义是:真实存在的,真的而不是假的(Procter,1978:918)。在《牛津哲学词典》(*The Oxford Dictionary of Philosophy*)(Blackburn,1996)中,说什么是 real 就意味着说那个东西是真实世界的一部分。当我们说某事是真的,意思是说它是一个独立于我们心灵的客观事实。说什么东西是真实的,也就说它是独立于我们心灵而存在。reality 则指的是真实、现实。在哲学上,哲学家们就外部世界、数学对象、共相、理论实体、因果关系、可能性、过去和未来、颜色、味道、道德和美学属性、他人的心灵(mind)、心灵和物质、物质和经验的真实性开展了激烈的争论,形成了形形色色的实在论和反实在论的对立。

著名的语言哲学家奥斯汀(John Langshaw Austin)在他的《感觉与可感物》(*Sense and Sensiblia*)一书的第七章中,对语词"真正"或"实在"(real)进行了讨论。他认为,首先有两点理解非常非常重要:

(1)"真正"是一个绝对普通的语词,没有什么新的、技术性的或高度专业化的东西。它在日常语言中有着固定的含义,不能随意使用。如果要谈论"真正的",就要关注"真正的奶油"这样的熟悉的表达方式。在此"真正的"表明它是真的、天然的,不是假的、人工合成的。

(2)"真正的"完全不是一个普通的语词,而是一个例外。它没有一个如语词"黄色"、"马"、"走"一样单一的、特定的、始终相同的含义。但也不是有好多不同的含义。例如,通常人们会认为,"真正的颜色"就是正常的观察者在正常的光线下所看到的颜色。但是如果我们说:"那不是她头发的真正的颜色。"也许我们的意思是说,"她的头发染过了",和光线没有关系。当我们说:"那不是那毛线的真正的颜色。"这时可能是说"在正常光线下毛线不是这种颜色",也可能是说"毛线没有染色之前不是这种颜色"。

奥斯汀进一步总结了"真正"一词用法的核心特点:

(1)"真正"一词是渴望实词的。即如果"是不是真的"这个问题要有确实的意义,就要有个立足点,就必须对"一个真正的**什么**?"这个问题做出回答。因为同一个东西可以是真正的 X 却不是真正的 Y;一个像鸭子的东西可能是一只真正的玩具鸭,但不是一只真正的鸭子。即使那种像鸭子的东西只是一种幻觉,也可以是真正的幻觉。而且,奥斯汀认为,当我们问"是不是真的"这个问题时,往往是觉得"事情就某种方式而论也许不像它们似乎所是的那样,我们才提出这个问题"(奥斯汀,2010:63)。也就是说,我们对其真实性产生了怀疑时才会这样说。

(2)"真正的"一词是个当家词。奥斯汀认为,要理解 X,

就要知道什么是 X，这也意味着说什么不是 X。说"真正的"意味着否定。说某物是真的，就排除了各种不是真的情况。如说"一只真正的鸭子"，就排除了玩具鸭、画的鸭，等等。因此奥斯汀说："'真正的'一词的作用并不在于对任何事物的特征给予正面的刻画，而在于排除某些可能非真的方式。某一特定种类的事物有众多可能非真的方式，同时，不同种类的事物其可能非真的方式又颇不相同。"（奥斯汀，2010：64）

（3）"真正的"是个大方向词。它是在具有同样功能的语词类中最一般、最包罗万象的词。同类词中肯定的有"正规的"、"纯正的"、"真实的"、"本真的"、"天然的"，等等，否定的有"人造的"、"伪造的"、"虚假的"、"冒充的"、"错觉"、"幻觉"，等等。奥斯汀认为，在肯定方向方面，一般性较低的词有个优点，它们能较确定地提示出排除的是什么，往往有相应的否定词对应。如"正规的"对应"临时对付的"，"真品"对应"赝品"，"真丝"对应"人造丝"，等等。"真正的"一词暗示着在哪些方面有可能是"不真实的"。

（4）"真正的"属于一个庞大的重要的"调节词"语词家族。运用这些词，可以使其他一些词得到调整。奥斯汀认为，在实际生活中有时我们的词汇不足以应对实际情况，这时运用调节词可以帮助我们解决问题，又不改变词的原义。"如果我们把语词比作射向世界的箭矢，这些调节词的功用就是使我们不必因为无法直射靶子而变得完全无能为力"（奥斯汀，

2010:67)。如我们看到一头像猪但不是猪的动物时,我们可以说:"它很像猪,但不是一头真正的猪。"(奥斯汀,2010:57—69)

从上所述,似乎奥斯汀把对"real"的分析局限在语词上,没有分析语词和外部世界的关系。其实在奥斯汀看来,我们重新审视的不仅是语词,我们也重新审视用语词来描述的实际情景,通过对语词的更敏锐的感觉来更敏锐地把握现实(奥斯汀,2010:vi)。

总之,"real"就是"真的、真实的、真正的、自然的……",和它相反的是"假的、伪造的、假冒的、人工的……"。"reality"就是"真实、现实、实在","realism"就是"实在论",其基本思想就是"认为 X 是真实的就是说 X 是真实存在的"(Eddington,1928:ix,转引自 Ladyman,2002:131)。

二、现象与实在

詹姆斯·雷迪曼(James Ladyman)在《理解科学哲学》(*Understanding Philosophy of Science*)中介绍科学实在论的背景时,引用了物理学家亚瑟·爱丁顿(Arthur Eddington)著名的讨论两种桌子的谈话:

"第一张是我从小就熟悉的桌子。它是我称之为世界的环境中的常见对象。我要怎么描述它?它具有广延性、相对持久性。它有颜色。首先它是实实在在的。"(Eddington,

1928：ix，转引自 Ladyman，2002：131）

"第二张是我的科学之桌。对我来说，它是近来才知道的。我对它并不太熟悉。它不属于前面提到的世界，即那个我一张开眼睛就会自发地出现在我面前的世界，尽管在此我没有考虑它有多少是客观的，多少是主观的。它是世界的一部分，尽管以更为曲折的方式引起我的注意。我的科学之桌大部分是虚空，虚空中散布着许多高速运行的电荷（electrical charges）。它们聚集在一起，组成了不到十亿分之一的桌子体。"（同上）

詹姆斯·雷迪曼认为，爱丁顿在此区分了常识世界和科学描述的世界。科学的描述暗示，常识实在不过是一个假象，我们感觉到的世界至少在某些方面并非如其所是。在 20 世纪，物理学变得越来越抽象，越来越远离常识。特别是相对论、量子力学，分别使得对空间、时间和物质特性的理解远离了日常经验。当代物理学对桌子的最小组成成分的描述，依赖大量艰深的数学。没有数学，就不能理解诸如量子场的多维世界、"超弦"等理论。因此，尽管存在科学之桌的日常对应物，但是没有构成桌子的"电荷"的日常对应物。那么，这两种桌子是否都真实地存在？ 如果存在，那么它们两者是什么关系？

在詹姆斯·雷迪曼看来，要理解爱丁顿两张桌子的区分的哲学意义，必须再次回到科学革命，回到许多倡导现代科学思想的伟大的思想家所持有的两类性质的哲学区分：即第一性质和第二性质（primary and secondary properties）的区分。

詹姆斯·雷迪曼认为，科学革命包括以下特征：

（1）更加强调实验和新技术的使用，如望远镜、显微镜和空气泵，"逼迫自然透露秘密"。

（2）放弃亚里士多德科学做出的对自然的定性的描述（如人们解释说，鸦片的作用是有安眠性质），采用对自然特性的量的描述，例如，具有一定量的物质（它的质量）——而不是某种沉重的特性的物体观念。

（3）放弃寻找终极原因（目的论，亚里士多德科学的特征之一），致力于寻找直接（产生效果的）物质原因。

（4）人们不再把科学看成像亚里士多德在《科学》（*Scientias*）中所说的必然真理的先验（*a priori*）知识，而是看成后验的（*a posteriori*）经验探索（参见 Ladyman，2002：131 - 132）。

詹姆斯·雷迪曼指出，以前许多作家把自然描述成一只巨大的钟表。钟表的关键是所有部分都和谐地一起运行，不是因为什么神秘的自然运动或终极原因协调的结果，而是因为它们中的每一部分都通过接触，把运动传递给相邻的部分（一个齿轮带动另一个齿轮，后者又带动下一个齿轮，依次而行）。后来人们开始设想用构成物体的粒子运动来解释物体的行为，而不是用本质或"神秘的力量"来解释。力学，在伽利略，特别是在笛卡尔和牛顿手里,成了运动物质的能运用数学计算的精确科学。运动成了物质间碰撞的结果(同上,132—133)。

洛克(John Locke)用钟表的类比来说明自然哲学的目的:指针非常协调地运转,报时的钟声准确地敲打出正点和半点;这对应着事物的表面现象,例如一块黄金可观察的特性。然而这钟有着内部机制,这个机械装置构成了钟的外表。同样,黄金也有造成它外表的内部结构。自然哲学的目的就是要理解造成我们所观察到的现象的内部机制(同上,133)。

自洛克时代以来,科学的成功似乎都依赖于天才地发明各种装置来提高感觉的精确度。例如,科学家用天平来测量物质,也用天平来测量各种各样的特性,如感觉根本察觉不到的电势(electrical potential)。确实,许多学科的增长,都取决于对以前作为收集材料的主要方式的感觉经验的日益减少的依赖。在化学史中,人们不难发现,以前根据颜色、气味的物质分类方法,逐渐为折射率、原子数、电离电势的大小所代替。如果人们放弃了科学观察中人的感觉的主观性,使用温度计、光度计,甚至最终使用自动记录仪的话,那么这些测量就有利于满足科学要求客观性的渴望(同上,133—134)。

简而言之,第一性质就是物体不仅表面上而且实际上也有的特性。第二性质就是物体表面上有但它们本身并没有,只存在于观察者心中的特性。有人试图说明如何区分物体实际上有的特性和表面上有的特性。也有人表明,没有什么原则性的方式可以帮助我们判定某些物体具有什么特性。大多数人求助于事物在不同时间对不同人的相对性和多样性。如果桌子的形状和颜色根据光线和观察者位置而不同，那谁能说那桌子真正是什么形状和颜色？莱布尼兹（Gottfried Wilhelm Leibnig）举了个三盘水的例子：一盘水很冷，一盘水很热，一盘水温度和室温一样。如果把手先放入热水，然后放入常温的，就会觉得后者很凉；如果把手先放入冷水，然后放入常温的，就会觉得后者很暖和。因此你感觉的暖和并不直接对应水的特性。同样，现代科学告诉我们，颜色视觉是复杂的光的折射过程，我们所看到的颜色也不是物体的特性（同上，134）。

第一性质和第二性质的区分，至少可以追溯到古希腊的原子论者。他们认为，我们表面上感觉到的东西，如尝到的甜味、摸到的冰冷、看到的颜色，都不是物体真实拥有的特性。物体真正的性质是构成它们的原子的性质，加上原子的排列带来的复杂的特性。同样，在 17 世纪，当时许多新的机械哲学的倡导者，如洛克、波义耳（Robert Boyle）、伽桑迪（Pierre Gassendi）、牛顿等，认为物体的第一性质就是构成日常物体（如桌子）的细胞或粒子的性质，而第二性质就是这些细胞或粒子组合形式导致的性质，不是细胞或粒子本身真正的性质。例如，不是细胞构成了桌子的棕色，也不是细胞构成了蜂蜜的甜味。桌子的颜色、食物的味道都是这些物体的第二性质。

另一方面,17世纪的细胞学说拥护者认为,细胞本身都有形状、位置,它们不是在运动就是处于静止状态。因此这些特性是它们的第一性质。这些人和"机械主义哲学家们"都一致同意,为了解释事物向我们呈现的现象,科学要集中探讨事物的第一性质(同上,134—135)。

詹姆斯·雷迪曼指出,洛克区分了物体的真正的本质(essence)和表面上的本质。黄金表面上的本质,就是我们头脑中有关黄金的抽象的一般的观念。如它是黄色的、重的、可延展的、能溶于某些酸中,是发光的,等等。这表面上的本质来自黄金表面上向我们呈现的东西。也有其他的东西,表面上很像黄金,如黄铁矿(iron pyrites)或黄铜矿(fool's gold)。有时候,真正的黄金倒不一定符合它的表面上的本质。比如在黄金融化后。因此,把真正的黄金和黄铁矿区别开来的是前者具有它的真正的本质,而后者没有。某种事物的真正本质就是它潜在的性质。洛克并没有说他那个时代的科学家能够认识事物真正的本质。但是他认为,实在论者有希望提出有关这种真正本质的"可能的意见"。而且他认为,物体真正的本质就是它们微观结构的组成,换言之,即细胞组合的形式或结构。现代科学家似乎完成了这个任务。黄金的本质就是它的原子核内有79个质子(同上,135)。

黄金在黑暗中有颜色吗?如果我们把黄金切割得很小很小,虽然它还是黄金,但看上去就不像是黄金了。但是,洛克认为,不管我们怎么做或怎么看,再小的黄金颗粒依然保持它的质量、不可入性和空间的广延性。因此,洛克认为,我们看到黄金时所感觉的颜色,并不是我们面前物体的任何性质。黄金只是能在我们看到它们时带来那种在某种条件下特有的体验。所以,他得出这样的结论:第一性质,不管我们有没有感觉到,都存在于物体。而第二性质,我们没有感觉到时就不存在。因此,在某种意义上,黄金并没有黄色的性质,但它确实能给我们带来某种黄色的感觉,黄金微粒本身并不存在代表我们体验到的黄色的东西。这就使得颜色之类的第二性质像玻璃的易碎性一样。玻璃在某种条件下很容易破碎,这是由于玻璃的微观结构所造成的。玻璃是易碎的,即使我们没有打碎它;同样,桌子是棕色的,即使没有人看到它。因为它们都有某种稳定的倾向,显得像观察者所看到的那样(同上,136)。

我们拥有的物体性质(如长度和体积)的观念,是由物体本身的性质引起的。这些性质就是第一性质。但是构成一块黄金的粒子本身并不是黄色的、可延展的、发光的和平滑的。我们对这些特性的感觉是由构成黄金的粒子的性质、排列和运动状态产生的。我们从感觉中获得黄色的观念,它并不代表造成这种观念的构成黄金的粒子的特性。因此,准确地说,第一性质就是和我们对其感觉一致的东西,第二性质就不是。如果两个物体具有相同的第一性质,那么它们一定具有相同的第二性质。但不能反过来说,因为可能有非常不同的第一性质的物体,产生出完全相同的第二性质。许多不同的物体,在光线之下都能给我们带来黄色的感觉(由于这种单向的依赖,可以说,第二性质依附于第一性质。)(同上,137)。

人们假定第一性质是可以测量的,可以数量化的,如体积、质量和速度,至少是可以从其他量计算出来的。如密度等于质量除以体积。在 17 世纪,这种新的量化描述世界的方法是建立在运用几何学描述物体在空间运动的基础上的。在科学革命时代,几乎把物体的所有属性都视为第一性质,例如物体的广延、运动和大小,可以用几何方式来表示。微积分使得牛顿能够用几何的方式计算速度和加速度。笛卡尔也相信第一性质和第二性质的区分,但他不相信原子,而是相信空间充满着物质,从而认为不可入性和质量都是不必要的。笛卡尔认为,所有的第一性质都是几何的,但是物质作为非几何的第一性质也得到广泛认可。后来,科学逐渐依赖能够用数字表示的和复杂的数学定理、方程有关的特性(同上)。

因此,詹姆斯·雷迪曼指出,爱丁顿的科学之桌就是用科学理论测量和描述的第一性质的承担者。常见的桌子是我们日常经验的第二性质的承担者。常见桌子的第二性质可以还原到科学之桌的第一性质。后者在某些条件下可以在我们感觉中产生导致第二性质的效果。例如,桌子的棕色就是物体在一定的光学条件下给予我们的。当我们区分了第一性质和第二性质,我们就要解释它们之间的关系,也要知道我们如何能够认识第一性质。如果我们承认我们许多关于性质的观念和物体的真实性质并不一致，那我们怎么知道我们假定的物体的第一性质的观念如何和物体的真正性质一致呢？而且，我们如何知道在我们经验之外有事物存在呢（同上）？

三、常识实在论

首先，关于外部世界，根据常识，我们凭感觉可以说，我们生活在这个世界上。我们根据长辈的记忆（他们的经验）和历史记录知道，我们的祖先也曾经生活在这个世界上。根据经验推论，我们相信我们的后辈也会生活在这个世界上。当我们睁开眼睛，一个鲜活的世界呈现在我们面前：车水马龙、人流如织、四季更替、万象更新。当我们闭上眼睛，进入梦乡，这个世界仍然活跃在我们的意识之外：多少动物乘着夜色出动，多少阴谋在黑暗中悄悄进行。我们相信，在我们感觉意识之外，有一个鲜活的世界存在。这个世界独立于我们的意识，无论我们是否意识到它的存在，无论我们有没有办法**证明**它的存在，这个世界都是真实的(real)存在。它具有结结实实的真实性、实在性(reality)。这种真实性、实在性（或者直截了当说，真实、实在）是不言而喻的。正好像地球引力的存在，只要你在地球上某个高楼上向窗外跳出，就会结结实实地摔到地上；正如繁忙道路上川流不息的车流的存在，如果您贸然闯入其中，立即会被撞得头破血流。这一点，有着正常的感觉意识的人绝不会否认。这种观点通常被称为外部世界实在论或常识实在论（common-sense realism）。常识实在论认为，可观察的外部世界独立于我们的心灵存在。我们可以通过感觉经验来认识它。对于爱丁顿所说的常识中的桌子，我们通常感觉可以看到它、摸到它。而且，我们相信，即使突然我们离开了房间，看不到也摸不到它时，它也在那里存在着。也就是说，它的存在独立于我们对它的感觉，独立于我们对它的认识，独立于我们的心灵。感觉到了，它存在；没有感觉到，它也存在。而且，我们相信，只要有正常感觉能力的人都会和我们一样感觉到它的存在。

常识实在论把认识的可靠性建立在感觉上，认为仅凭感觉经验就能确定事物的真实性。但是笛卡尔认为感觉是不可靠的，感觉有时会欺骗我们。比如我坐在火边，这也许是幻觉，也许是在做梦，或者也许是魔鬼的恶作剧。因此感觉是不可靠的。那么我们通过感觉确定的外部世界的存在也是不可靠的。有的哲学家并不否认外部世界的存在，但是他们否认外部世界独立于我们的意识或心灵而存在。如贝克莱（George Berkeley）说"存在就是感知和被感知"，就是把外部世界的存在建立在人的感觉经验的基础上，认为感觉到了的事物才存在，没有感觉到的就不存在。如王阳明说"心外无物"，就是把外部世界的存在建立在人的心灵的基础上，认为外部世界的存在依赖于人的心灵。

有的哲学家承认外部世界的存在，承认外部世界独立于人的意识的存在，但是在如何认识、如何证明外部世界的存在问题上却陷入了困境。特别是如何**证明**外部世界在过去曾经存在、在未来还会继续存在？如何知道外部世界即使我们不存在或我们没有感觉到它时也存在？即如何认识和证明外部世界的实在性？对于普通人而言这种实在性似乎凭我们的感觉就能确定。但是仔细思考一下，这种确信却是有问题的。因为我们的感官所能接触的都是某个具体的事物，如何能够由此及彼，从我们直接感觉到的事物的实在性，得出我们无法直接感觉到的东西的实在性？如何能从我们当下的感觉推导出过去和未来的某物存在，从只具有偶然性的感觉推导出具有必然性、普遍性的东西？因为当我们肯定某种事物及其属性的实在性时，我们常常会由此及彼，做出普遍性的论断。如当我们吃了几个苹果后，我们会说"苹果是甜的"。也许哲学家会问，你如何能从你吃过的苹果是甜的，推出你没有吃过的也是甜的？你如何能由几个苹果就得出"所有苹果是甜的"结论？因为"苹果是甜的"这句话隐含的是一个普遍性的论断。这里的"苹果"包括过去和未来的苹果，包括世界上也许你一辈子也到不了的其他地方的苹果。由于这种认识、表述和证明的困难，导致有人对认识外部世界的实在性产生了怀疑。例如康德（Immanuel Kant）就认为，对于外部世界，我们只有各种感觉，感觉所知的是各种现象，至于现象背后的物自体是什么，我们无法知道。休谟（David Hume）则认为，我们看到现象 B 总是跟随现象 A 后出现，我们就错误地认为 A 是 B 的原因。其实我们只是看到了 A、B 两个现象，我们无法知道现象背后的真实联系——因果联系。因此，因果联系只是来源于我们心理的联想。

实际上，我们也常说"耳听为虚，眼见为实"。其实是把实体或事件限制在凭肉眼就能观察到的范围之内，把事物或事件的实在性（真实性）局限于感觉中的视觉，成了认识论中的视觉中心主义。经验主义者认为，经验是我们认识的唯一来源。我们通过感官感知各种现象。感知的结果构成我们的经验。我们只知道我们感知到的现象，至于现象背后的东西，我们无法知道，我们无法知道是什么导致了现象。我们无法认识现象背后的真实原因和规律。这种绝对经验主义的观点，把我们的认识局限于现象和经验，最终走向不可知论。

在当代，持有上述否定人的意识之外的外部世界存在的实在性的观点的哲学家已经不多了。但是有的哲学家把上述怀疑主义的思想转移到了科学理论上，导致了反科学实在论。

第二节　科学实在论的定义

许多哲学家讨论过科学实在论。他们赞成或反对科学实在论。尽管他们提出了许多有影响的论证或反驳，但在科学实在论的定义上，即在回答"什么是科学实在论"的问题上，却是五花八门。正如安简·查克诺瓦提(Anjan Chakravartty)所说,毫不夸张,有多少人讨论科学实在论,就有多少种定义。要用简洁明了同时又能概括所有有关科学实在论讨论的内容,并为讨论科学实在论的哲学家所接受,确实不是件容易的事情。在此,我们先考察一下部分哲学大家提出的定义,看他们有哪些共同的因素,然后做出我们自己的概括和总结。

一、玛丽亚·巴格拉米安的定义

玛丽亚·巴格拉米安(Maria Baghramian)在《劳特利奇科学哲学指南》(*The Routledge Companion to Philosophy of Science*)中撰写的《科学相对主义》一文描述了一种和科学相对主义相反的客观主义科学观,这种科学观在许多方面是和科学实在论相联系的。她指出,认识论相对主义认为,知识受到历史、文化和概念框架的限制,它们只是相对于它们产生的条件来说是真的。科学知识的相对主义认为,科学知识是其社会的、经济的、文化的条件的产物。科学并不能达到它所期望的普遍性和客观性。这种相对主义认为,科学知识只是相对于它们的文化和概念背景而言才是真的。科学知识相对主义反对下列所谓的"客观主义的科学观":

(1)科学实在论:认为科学理论努力描述一个真实的世界,这个世界独立于人类的思维;对世界的各种描述中只有一种是正确的。

（2）科学的普遍性：真正的科学定律在一切时间、一切地方都是适用的，是不变的而且是价值中立的。

（3）明确的科学方法：科学有独特的正确的方法。

（4）语境独立：科学理论的辩护语境和它的发现语境有明显的区别。不应该把科学理论产生的社会的、经济的、心理的因素和为其辩护的方法论程序混为一谈。

（5）含义不变性：科学的概念和理论术语具有稳定的确定的含义。虽然理论发生变化，但科学概念和理念术语保持其含义不变。

（6）汇聚性：形形色色的、表面上似乎不相容的科学观点，最终会汇聚成一种融洽的理论。

（7）科学理论是积累性的：科学知识在某个领域的广度和深度上稳步增长；这种积累性使得科学的进步成为可能（Stathis Psillos and Martin Curd，2008:236）。

玛丽亚·巴格拉米安在对客观主义科学观的描述中认为，科学实在论认为科学理论描述一个真实的世界（科学理论的实在性）；这个世界独立于我们的思维（本体论实在性）；在对世界进行描述的众多科学理论中，只有一种是正确的（科学理论的真理性）。总而言之，玛丽亚·巴格拉米安定义的科学实在论包括形而上学实在论：认为世界独立于我们对它的认识而存在；科学理论实在论：认为科学理论是对外部世界的描述，科学理论可以达到对世界的正确描述，即达到真理。

二、理查德·博伊德的定义

理查德·博伊德(Richard Boyd)在他撰写的 2002 年《斯坦福哲学百科全书》(*Stanford Encyclopedia of Philosophy*)中的"科学实在论"(scientific realism)条目中这样写道:要给予科学实在论一个定义,比确定科学实在论学说要容易得多。科学实在论是一种哲学学说。科学实在论者认为,成功的科学研究的典型产品是关于大量的独立于理论的现象的知识,即使有关的现象是不可观察的,其知识也是可能的。科学实在论认为,科学方法是可错的,科学理论是近似为真的。例如,根据科学实在论,当你读了一本化学教科书,你会相信书中所说的原子、分子、亚原子、能级和反应机制的存在和性质都是真的,因为教科书是根据科学家的研究成果编著的。而且你还会相信,书中所描述的那些现象的性质是独立于化学中的理论概念的。所以科学实在论就是科学中的常识观念,虽然它承认科学方法可能出错,但还是相信科学理论是近似接近真理的,科学理论所描述的实体,即使目前不可观察,也是真实存在的。所以,我们认可科学家最可靠的发现是有道理的(Boyd,2002)。

理查德·博伊德进一步解释道,许多理论实际上是从常识的角度来定义科学实在论的。例如,热带鱼实在论——关于热带鱼的学说。你在宠物店买本有关热带鱼的小册子,它基本上正确地描绘了它们的外形、习性、食物及温度等要求。

鱼的特性完全独立于我们描述它们的理论。这种关于热带鱼的学说非常清楚,但似乎没有太大的哲学意义。为什么类似的科学理论就有哲学意义呢?回答是,没有任何哲学挑战是针对这种热带鱼学说的(暂不考虑关于外部世界的极端怀疑论)。而许多重要的哲学挑战都是针对科学实在论的(同上)。作为哲学立场的科学实在论的许多维度,都是在科学实在论者回应各种挑战中做出回答而形成的。在理查德·博伊德看来,这些挑战大致可以分为四类:

(1)经验主义的挑战:主要是逻辑经验主义者及其同盟者提出的。他们对不可观察的"理论"实体的知识提出了质疑。后来又有人提出观察数据对理论选择的决定是不充分的,这进一步加强了这种挑战。

(2)新康德主义(第一种版本)的挑战:这是由汉森(Russell Norwood Hanson)和库恩(Thomas Samuel Kuhn)提出的。他们从方法(特别是观察)对理论的依赖出发,考虑到科学革命中的语义学的和方法论的不可通约性,提出科学实在论的科学知识的不断增长观念是站不住脚的。

(3)新康德主义(第二种版本)的挑战:希拉里·普特南(Hilary Putnam)和法因(Arthur Fine)在批判"形而上学"版本的科学实在论时,提出了与实在论相关但更少相对主义的观点——内在实在论(internal realism)和自然本体态度(natural ontological attitude)。

（4）后现代主义的挑战：正在兴起的"科学学"（science studies）研究传统的文献的、社会学的和历史的研究认为，科学、知识、证据和真理都是"社会建构的"。所以它们反对这种观念：即认为科学努力在科学理论和世界或实在之间达到近似一致的表征（Stathis Psillos and Martin Curd，2008：224）。

所以，理查德·博伊德实际上暗示说，要定义科学实在论，就必须从科学实在论对上述四种挑战的回应中做出概括和总结。但是他本人没有完成这个任务，也没有为我们指出如何来实现这个目标。

三、迈克尔·德维特的定义

迈克尔·德维特（Michael Devitt）在《劳特利奇科学哲学指南》中撰写的《实在论/反实在论》一文中指出，在科学哲学中的实在论和反实在论之争，主要是围绕着科学理论中的不可观察实体的。当然，也有关于更一般的问题，即关于外部世界是否存在的问题，主要是关于常识中可观察实体的存在问题。科学实在论把这范围扩展到包括可观察和不可观察的科学实体。迈克尔·德维特认为，要说清楚科学实在论，最好从较一般的问题入手（同上）。

关于什么是科学实在论，迈克尔·德维特认为，科学哲学为我们提供了大量的令人困惑的材料。材料实在太多，无法细数，只能挑重要的说。迈克尔·德维特认为，要定义科学实在论必须从两个维度出发,第一是存在维度。一般学说认为常识提出的可观察的科学实体,如树、石头、猫等是存在的。而科学实在论认为,科学理论提出的大多数不可观察的实体,如原子、病毒、光子等也是存在的。传统上反对实在论的唯心主义者并不反对这个维度,至少是不直接否定这个维度。他们反对的是独立性的维度。在某些唯心主义者看来,由第一维度确认的实体,是由精神的成分如观念、感觉材料构成的,所以不是外在于心灵的。近年来,在康德的影响下,一种唯心主义观点非常流行。这种观点认为实体从某些方面看,不是客观的。它们依赖于认知活动和我们的心智能力。我们通过运用概念,部分地建构它们。而且由于我们的世界观不同,从而导致我们的概念不同,所以我们建构出不同的世界。这种建构主义的观点是库恩的观点。实在论者拒绝这种实体依赖心灵的说法(同上)。

迈克尔·德维特认为,虽然实在论和反实在论的争论集中在实体对心灵的依赖上,但存在维度也是非常重要的。首先,关于独立性争论所涉及的对象就是存在维度所确定的实体。存在维度把实在论和只承认有某些东西独立于我们存在的观点区分开来。其次,关于科学实在论的争论之一,就是对不可观察实体的争论,争论的主要焦点就是其存在问题。因此,常识实在论认为,常识和科学中大多数可观察的物理实体是独立于心灵存在的(同上)。

迈克尔·德维特强调,第一,泛泛而谈的"科学的承诺"太模糊,必须加以澄清。实际上,在现在有关科学实在论的争论中它是指"现在科学理论的承诺";第二,实在论承诺的是科学理论中提出的大部分不可观察实体;当然,认为现在的科学不会出错是草率的。没有实在论者持这种观点。第三,如此谨慎还不够,它太接近直截了当赞同科学的所有主张。其实科学家对科学理论也有不同态度。有些科学家并不相信那些做出了有用的预测但却是错的科学理论。有的持有不可知论,有的相信经过检验完全可靠的理论。实在论者的怀疑态度并不亚于科学家。他们只相信经过检验的可靠的科学理论。实在论也具有批判性。它认为,理论确实有时会为了方便而建构不可观察的实体。因此,实在论者只承认那些本质上(essential)不可观察的实体。实在论是对目前可靠的科学理论的承诺的谨慎的批判的概括(同上,225)。

因此,迈克尔·德维特把科学实在论定义为承认"现在确定的科学理论中的大部分本质上不可观察的实体是独立于心灵而存在的"的理论。这实际上是对不可观察实体的存在的承诺,被他人称为实体实在论(entity-realism)。但是科学实在论者不满足于此,他们还希望更强的实在论——关于这些实体性质的科学理论的事实实在论(fact-realism)。迈克尔·德维特指出,关于什么是科学实在论,有大量的不同的定义。然而,在迈克尔·德维特看来,大致可以分为三类。一类是关于世界本性的形而上学定义。此外,还有科学实在论的认识论定义和语义学定义。前者涉及我们对世界知道些什么,后者涉及我们理论的真理和指称问题。它们其实和形而上学的定义区别并不大。现在的科学实在论常常指形而上学的科学实在论和真理符合论的结合(Stathis Psillos and Martin Curd,2008:225)。

四、詹姆斯·雷迪曼的定义

詹姆斯·雷迪曼在《理解科学哲学》(*Understanding Philosophy of Science*)中提出,不管我们怎么看待科学方法论,大部分人都承认,在涉及可观察物体(如彗星、桥梁、电厂和雨林)的未来行为方面,科学是最好的指导。我们的科学知识是可错的、片面的、近似的,但是它是我们预测发生在周围世界的各种现象的最可靠的工具。科学告诉我们的远不止这些知识。自然科学还告知我们事物的最终本性。在对实在的基本结构的研究方面,自然科学常常取代形而上学。现代科学为我们提供了有关实在的详细的统一的图景。它描述了事物的构成和它们遵守的规律。从原子的内部结构到恒星的生命周期,现代科学提出了许多实体,如基因、病毒、原子、黑洞和各种形式的电磁辐射,大部分是不可观察的,至少是肉眼不能观察的。所以,不管科学方法如何,不管科学理论是如何证实的,我们都可以问自己,是否应该相信科学为我们描述的事物现象下面的实在。简单地说,科学实在论就是要相信科学理论中提出来的许多不可观察实体的真实存在(Ladyman,2002:129)。

詹姆斯·雷迪曼指出,许多科学实在论的辩护者在为科学实在论辩护的同时,也会为科学理论变化的理性而辩护,反对怀疑论者和相对主义者。然而,许多古代的和现代的反实在论者并没有质疑科学探索的成功甚至进步。在哲学史中,许多科学知识的反实在论者都同意:科学是理性探索的范式,它导致了经验知识的积累性增长。然而,形形色色的反实在论者给科学知识的范围和性质添加了限制。因此有关科学实在论之争比科学大战中的其他争论更为微妙复杂,不要把有关科学实在论的争论和有关科学的理性问题混为一谈(同上,130)。

在詹姆斯·雷迪曼看来,科学实在论之争和哲学上其他实在论之争相互联系。科学实在论涉及许多科学上的问题:科学理论描述的大量不可观察的实体存在吗?科学家不是操纵了像原子和看不见的辐射,制造出微型集成电路和手机吗?事实上,把原子描述成看不见的对吗?我们现在不是通过运用电子而不是运用光的显微镜看到了晶格的图像吗?现在,科学的许多领域都描述了原子的行为,它们引起了诸多现象。例如,它们使得霓虹灯中的气体发出绚丽的光,使得人们肺部的血红细胞中的血红蛋白吸收氧。如果我们把原子说成是可以观察的,那么对于那些所谓的组成原子的实体,同样原则的问题又来了,它们是否真的存在? 而且,以前的科学家声称操纵或观察到的理论实体,在我们现在最佳科学理论中已经不见了踪影,那么为什么我们现在还要相信它们是对的(同上,131)?

五、查尔默斯的定义

A·F·查尔默斯(A. F. Charlmers)在《科学究竟是什么》(*What is the thing called science?*)(第三版,鲁旭东译,商务印书馆,2007)中提出,科学实在论认为,科学为我们提供了完全超出世界表面呈现出来的现象的关于世界本质的知识。科学不但描述了可观察的世界,还描述了隐藏在现象背后的世界。科学不仅为我们提供这些知识,而且在提供这些知识方面取得了很大成功(查尔默斯,2007:264)。

查尔默斯认为,科学实在论坚持真理符合论。他们认为,科学知识是对世界的描述,只有符合世界本身的描述才是正确的描述。即:"一个语句为真,当且仅当它与事实相符合。"科学实在论认为,科学研究的是可观察和不可观察的世界,目的是获得关于世界的知识。如果这些知识和事实相符,那么它们就是真的,否则就是假的(同上,267—270)。

六、斯泰西斯·普西洛斯的定义

斯泰西斯·普西洛斯(Stathis Psillos)在《科学哲学 A—Z》(*Philosophy of Science A—Z*)中是这样定义科学实在论

的。他说科学实在论是一种哲学观点，这种观点包含三个主题：

（1）形而上学主题，认为世界具有确定的独立于心灵的结构；

（2）语义学主题，认为科学理论必须从其表面价值（face value）来理解，它们都是对各自领域的具有真值条件的描述；

（3）认识论主题，预言成功的成熟的科学理论是得到很好证实的，是对世界的近似真实的描述。

第一主题使得科学实在论不同于反科学实在论，无论它们是传统的唯心主义（idealism）和现象主义（phenomenalism），还是现代的达米特（Michael Dummett）和普特南的证实主义（verificationism）。它们都是建立在对真理概念的认识论理解上的，不允许在世界本身和认识实践产生的知识之间存在差异。第二主题使得科学实在论不同于工具主义（instrumentalism）和还原的经验主义（reductive empiricism）。和这两种观点相反，科学实在论是一种"本体论膨胀的"（ontologically inflationary）观点。从实在论看，它们的观点包含字面的解释（literal interpretation），即把世界解释为（至少）存在不可观察实体（unobservable entities）。第三主题（认识论乐观主义）是把科学实在论和经验主义的不可知论、怀疑论区分开来。它强调，和发现可观察实体的真理一样，科学也能够而且确实发现了有关不可观察实体的真理。这种科学实在论观点暗示，

科学家在得出他们的理论信念时所运用的扩展外推方法
（ampliative-abductive methods）是可靠的。它们会产生近似
真的信念和理论（Stathis Psillos，2007:232 - 233）。

七、费耶阿本德的定义

费耶阿本德（Paul Feyerabend）在他的文集《实在论、理性
主义和科学方法》的第一章专门讨论了科学实在论问题。他
提出，科学实在论是关于科学知识的一般理论。科学实在论
假定外部世界独立于我们的认知行为。科学方法是探索世界
最好的方法。科学不仅提出预测，还揭示事物的性质。科学
实在论对于科学的发展有很大的影响，它不仅描述科学的成
果，也为科学研究提出策略和建议。科学实在论思想帮助哥
白尼（Nicolaus Copernicus）开启了新的研究传统。19 世纪，
科学实在论又为原子论的发展提供了支持。费耶阿本德指
出，科学实在论和科学实践的相互作用长期被忽视了，原因是
科学家和哲学家关注的问题不同，科学家注重解决具体问题，
哲学家关注抽象概念。而要真正解决科学实在论问题，我们
必须研究科学家是如何看待"实在"，如何使用实在论的概念
（费耶阿本德，2010，11—13）。

八、范·弗拉森的定义

范·弗拉森（Bas C. van Fraassen）在他的《科学的形象》

费耶阿本德（Paul Feyerabend，1924—1994）

(*The Scientific Image*)中曾经讨论过科学实在论的表述。首先他认为,"科学实在论"是一种哲学立场,涉及如何理解科学理论和科学活动。他指出,简单地说,科学实在论认为,科学为我们所描述的世界图景是真实的,科学的描述是可靠的;科学理论中所假设的实体是真实存在的;科学进步是建立在发现而不是发明基础上的。这种表述虽然简单,但在两个方面是正确的:第一,它把科学理论看成对实际存在事物的描述;第二,它把科学活动看成为发现而不是发明的事业(范·弗拉森,2002:9)。范·弗拉森探讨了 W·塞拉斯(Roy Wood Sellars)、B·爱利斯(B. D. Ellis)和希拉里·普特南提出的科学实在论的定义。塞拉斯认为坚持一种理论,就是相信该理论假设的实体存在。爱利斯认为,科学理论是对实在的普遍性的描述。普特南认为,实在论者主张,理论命题有真有假,确定其真假的东西是外在的东西。成熟的科学理论近似为真,其术语指称着它的对象。范·弗拉森指出,这些都不能作为定义。综合上述观点,他提出了自己的定义:"科学的目的,就是要在其理论中给出关于'世界是怎样的'本义上为真的描述;对科学理论的接受涉及其为真的信念。这就是科学实在论的正确表述。"(同上,11)

范·弗拉森认为真理在科学实在论中有很重要的作用:"科学讲究真相,而科学的唯一目标,乃是要获得正确的表述。"而且在他看来,接受一个理论意味着承认该理论为真

的,暂时接受也是暂时承认它为真的(同上,11—13)。从范·弗拉森的定义不难看到,在他看来,科学实在论包括如下几点:

(1)科学的目的是描述世界,所以科学是发现而不是发明;

(2)相信科学理论是真的或近似为真的。

范·弗拉森还提到了达米特对科学实在论的定义。达米特是从语义学角度定义科学实在论的。他说:

> "我所描述的实在论,不是与某类实体或某类术语相关,而是与一类陈述相联系的,我把它描述为这样的信念,即这类有争议的陈述具有客观的真值,它独立于我们认识它的手段之外;由于存在着独立于我们的实在,这些语句有其真值或假值。反实在论者则反对这样的观点,认为只有参考我们视之为这类有争议的陈述的论据的事物,才能理解这类语句。"(转引自同上,48—49)

九、伊恩·哈金的定义

伊恩·哈金(Ian Hacking)在他的《表征与干预——自然科学哲学主题导论》(*Representing and Intervening：Introductory Topics in the Philosophy of Natural Science*)一书中,专门

哈金(Ian Hacking, 1936 — ）

讨论了"什么是科学实在论"。他提出,科学实在论是思考自然科学内容的一种方式,是一种运动。科学实在论认为:"正确理论描述的实体、状态和过程是真实存在的。"科学理论"要么为真,要么为假,但真正正确的理论会是真的"。科学理论"常常接近真理"。伊恩·哈金认为有两种科学实在论,一种是关于理论,一种是关于实体。一种要想说明理论是不是真理;一种要想说明实体是否存在。当代大多数哲学家关注的是理论和真理问题(哈金,2011:17)。

伊恩·哈金阐述了牛顿-史密斯(W. H. Newton-Smith)提出的科学实在论的三种成分:

(1)本体论成分:科学理论有真有假。判定真假依赖于外部世界。

(2)因果成分:如果一理论为真,那么它的理论词汇就指称理论实体。理论实体是可观察现象的原因。

(3)知识论成分:我们对理论或实体可以持有正当的信念(至少在原则上)。

根据哲学家思想中上述三种成分的不同,可以区分出不同的科学实在论者。有的相信理论有真假,但不承认观察不到的理论实体的实在性,如范·弗拉森。有的承认理论实体的存在,但不相信理论为真,如南希 · 卡特赖特(Nancy Cartwright)(同上,23—24)。

十、安简·查克诺瓦提的定义

安简·查克诺瓦提在《斯坦福哲学百科全书》（2011 年夏季版）(*The Stanford Encyclopedia of Philosophy* (*Summer 2011 Edition*))中说,有多少人讨论科学实在论,就几乎有多少种科学实在论的定义。但是在那些定义之间,总有某些共同的东西。科学实在论是一种认识论意义上的对待科学研究的积极的态度。这科学研究包括对科学所描述的世界的可观察部分和不可观察部分。对于可观察性,哲学家也有争论。有的哲学家把可观察性局限于人类的肉眼在正常情况下可以观察到的东西;有的哲学家认为科学的可观察性应该包括借助于工具(如仪器、设备)可以察觉到的东西。

安简·查克诺瓦提在他的《科学实在论的形而上学——认识不可观察之物》(*A Metaphysics for Scientific Realism— Knowing the Unobservable*)中提出,科学实在论是这样一种观点,它认为我们最佳的科学理论给出了对世界的可观察的和不可观察部分的真实描述(Chakravartty,2007:xi)。

在安简·查克诺瓦提看来,这种科学实在论定义有两个维度——形而上学维度和语义学维度。他认为,对科学实在论的定义可以分为两个路向,一个路向根据科学理论的认识论成就来定义科学实在论。这个路向主要关心科学理论的实际的认识论地位,其中大多数人常常用科学理论是真理或接近真理来定义科学实在论。也有些人用科学理论中的理论术语成功地指称了世界中的事物来定义科学实在论。还有人从相信科学理论的形而上学预设来定义科学实在论。这些定义都承认这种观点,即我们的最佳理论都有某种认识论地位:它们都是关于世界的某些方面(包括不可观察的事物)的知识。这个路向的哲学家有斯马特(J. J. C. Smart)、博伊德、德维特、库克拉(Andre Kukla)、尼尼罗托(Ilkka Niiniluoto)、普西洛斯和查克诺瓦提。

另一种路向从科学理论的认识目的来定义科学实在论(如范·弗拉森)。在范·弗拉森看来,实在论者认为科学目的就是要得到对世界的真实的或近似真实的描述。这种路向定义实际上隐含着说科学是追求真理的,科学实践是成功的。这似乎也包含了前一种路向的某些特点和因素,但是并非完全相同,因为说科学追求真理并非意味着说科学就是成功的。

在安简·查克诺瓦提看来,科学实在论有三个维度。它们分别是形而上学(本体论)维度、语义学维度和认识论维度。从形而上学维度看,科学实在论承认科学探索的世界独立于心灵存在。这不同于唯心主义和现象主义。从语义学维度看,科学实在论承诺科学关于世界的主张的字面意义(literal meaning)。用通俗的话来说,就是科学理论的陈述具有本身价值。即科学实在论关于科学实体、过程、属性和关系的主张,无论它们是可观察的还是不可观察的,无论是真是假,都具有真值（truth value）。这种观点和工具主义截然相反。在后者看来，科学理论中对不可观察的实体的描述，只不过是为了预言、说明可观察现象或者是使观察报告系统化的工具。因此工具主义者认为，对不可观察的事物的主张是没有字面意义的。从认识论的维度看，科学理论构成了有关世界的知识，包括可观察的和不可观察的。有些反实在论者只承认关于可观察事物的知识。绝大部分科学实在论者都承认这个维度，但是他们也有分歧。有的人赞同融贯论的真理或近似真理；有的人赞同不断接近真理的说法。虽然大多数科学实在论者都赞同理论术语成功指称了包括不可观察的实体、过程、属性和关系的说法，但也有人认为这不是实在论的必要条件。总之，他们都赞同：我们最好的科学理论，对于独立于心灵的可观察和不可观察的世界，给出了真实的或接近真实的描述。这里用了"最好的科学理论"和"接近真实"，因为最好的科学理论也可能是错的。所以安简·查克诺瓦提指出，科学实在论者是"可错主义者"（fallibilists）（Chakravartty, 2007）。

总之，从上所述，我们可以看到，科学实在论包括如下观点：

（1）认为科学理论中所描述的实体、状态和过程（包括可观察的和不可观察的）是真实存在的。

（2）认为科学理论是对客观世界的描述，其中有部分真理的成分。越是正确的理论,真理的成分越多。因此科学理论的发展是对真理的逼近。

(3)科学的目的是描述客观世界,发现并揭示客观世界的自然规律,科学通过发现而不是发明而进步。

(4)科学实验观察到的各种现象,背后隐藏着因果联系的原因。科学的目的就是要找到现象背后的因果联系,找到现象背后的原因。所以,科学不能仅仅停留于在自然界和实验室观察到的现象,而是要超越现象,寻找现象背后的真实的原因和规律。

(5)科学理论是由具有真值的陈述构成。这些陈述的真假,独立于我们的认识手段。而且科学理论的术语指称着外部世界的实体。

第三节　科学实在论的种类

由于赞成和反对科学实在论的科学哲学家的观点大相径庭,科学实在论呈现出各种不同形式。从不同的角度进行分类,就呈现出各种不同的种类。

一、费耶阿本德的分类

费耶阿本德认为科学实在论的第一种类型是关于理论的真理。他指出,哥白尼和开普勒(Johannes Kepler)提出了真理和时间无关的理论。中世纪的唯名论和唯实论之争,不是实在论和工具主义之争,而是两种实在论观点之争,即两种对真理的不同主张。在费耶阿本德看来,最早的科学实在论认为真理仅仅和具体理论有关,从而无法解释所有理论,只能解释那些基础理论。最早的科学实在论的基本观点:(i)所选定的理论经过证明是真实的;(ii)虽然理论还未成熟,或者理论和事实有矛盾,或者和已经建立的理论有冲突,但还是可以假设真理是真实的。

费耶阿本德以开普勒采用哥白尼的观点为例。开普勒采用哥白尼的观点,不是因为他的观点符合事实,而是因为它们引起了新的预测,而且和以前获得成功的说法不矛盾。因此开普勒认为哥白尼的观点是绝对真理(费耶阿本德,2010:13—14)。

费耶阿本德认为,科学实在论的第二种类型是关于新实体的理论。这种观点认为:"科学理论引入了新实体、新特性与新因果观。"(同上,15)费耶阿本德指出,并非所有理论都产生新实体,但是不同的理论实体会导致不同的理论陈述。理论实体是否真实也无法判定。开普勒认为哥白尼的理论是真实的,所以哥白尼陈述中的理论实体都可假定为代表真实的实体。

费耶阿本德认为情况并非总是那么简单。一个理论实体可以代表一个真实的实体,但在科学史上并非总是如此,特别是首次提出的理论。如电动力学中的矢量势能。有时理论实体只是间接地和真实的实体相关联，如电荷、电流、场。费耶阿本德从法拉第的案例中总结出一个判断理论实体是否是真实的实体的"法拉第标准"："一个理论实体代表一个真实的实体，前提是该理论实体被证明自身具有效应，而不仅仅是在变化中产生效应，或与其他实体共同产生效应。"(同上，15—16)

费耶阿本德用原子理论和潜能的例子说明把第二种类型的科学实在论(认为"理论总是提出新实体")运用于科学实践是不适用的。费耶阿本德把支持第二种类型的科学实在论的科学家和哲学家称为朴素实在论者。朴素实在论者认为，科学理论解释了实在论。"科学的任务是发现规律和现象，并将其还原成理论。"(同上，17)但是并非所有科学家都是这种类型的科学实在论者。例如，赫兹(Heinrich Rudolph Hertz)就反对用这种实在论的观点解释科学理论。费耶阿本德引用了玻尔兹曼(Ludwig Boltzmann)对赫兹观点的总结：

　　"赫兹使物理学家(尽管哲学家很可能在很久以前就预料到他的观点)清楚地认识到，理论不能是一个与自然协调一致的客观东西，但必须视为一种自然现象的心理图示，这种图示与现象之间的关系如同符号与被符号的关系一样。由此可见，我们的任务不是发现绝对正确的理论——我们所能做的是找到能够以尽可能简单的方式描述现象的图示。"(同上，19)

费耶阿本德说,科学实在论的第三种类型常常被称为科学实在论的实证主义观点。这种观点常常讨论原子实在和量子论中隐形参数实在的问题。这种观点的典型代表是爱因斯坦。爱因斯坦在他的《物理学与实在》(Physics and Reality)文章中着重解释了"真实存在":

> "(它)来自我们所接收到的各种各样的感官体验,既有心理的,又有随意的,当然是重复出现的感觉印象的复合体……与这些复杂事物相互关联的是概念——客体概念。从逻辑上来说,这种概念与所指的整体感觉印象不一样,但它是人(动物)头脑的自由创造。另一方面,这种概念的含义及其正当性完全归功于我们所说的感觉印象。接下来,在我们的思维活动中(思维活动决定我们的各种期望),我们认为客体概念是具有重要意义的,它在很大程度上独立于产生概念的感觉印象。当我们把概念归因于客体时,这就是我们所说的'真实存在'。"(同上,21)

二、希拉里·普特南的分类

希拉里·普特南在 1982 年的《哲学季刊》(*Philosophical Quarterly*)上发表了一篇名为《三种科学实在论》的文章。在文章的开头,他风趣地说,洛夫乔伊(A. O. Lovejoy)曾经把实用主义分为 13 种类型。他不打算把科学实在论分为 13 类,只是把科学实在论分为三类,然后根据三种分类来阐述他自己的观点。

第一类是唯物主义(materialism)或物理主义(physicalism)的科学实在论。

这类实在论认为"意向性的"或"语义的"特性(如指称)都可以还原到物理特性,认为所有特性都是物理的。这种语义物理主义的主要观点是:当且仅当 x 通过适当类型的"因果的"链条和 y 相联系时,x 才指称 y。普特南并不赞同这种观点。他并不认为所有特性都是物理的。如果科学实在论是科学帝国主义——物理主义、唯物主义,那他就不是一个实在论者。普特南指出,语义物理主义的困难就是,如何能够不用(没有还原的)语义学的范畴来说明什么是"适当类型"(Putnam, 1982:195)。

第二类是形而上学的科学实在论。

这类科学实在论认为,科学理论中指称的对象是真实的客观存在。真理概念完全可以超越人类的认识能力。为了说清楚这个概念问题,普特南假设我们现在生活在牛顿时代。有两个哲学家,一个叫琼斯(Jones),一个叫史密斯(Smith)。琼斯认为像空间的点这类东西都是真实存在的。史密斯认为空间的点不是真实存在的,它是逻辑的建构,真实存在的是任意小的有限的区域。事实上究竟谁对谁错呢？

普特南认为，科学实在论者回答说要么空间点真实存在，要么空间点不存在。这样科学实在论者就成了形而上学的科学实在论者。他假定了一个完全超出人类认识的"真的"（real）概念。琼斯和史密斯的两种说法在数学上和经验上是等价的。如果把"真的"概念理解为在我们所使用的语言中的"正确的可论断性"（correct assertibility），那么两种说法都是"真的"。但形而上学的科学实在论要求我们接受一种图景，好像这图景能够自我解释。普特南承认自己不是一个形而上学的科学实在论者。在他眼里，"真理"不能超过"正确的可论断性"，是多元的、模糊的、开放的（同上，197—198）。

第三类是趋真（convergent）[1]的科学实在论。

这种观点认为，我们不断变化的科学理论是对科学理论中的理论实体的不断接近的描述。普特南认为，如果在合适的条件下，说导线中的电子流动和说房间里有把椅子或者说我头痛，在客观上一样真实。电子的存在，在任何意义上和椅子的存在一样。谈论感觉和椅子就和谈论电子一样。对电子

---

[1] convergent scientific realism，清华大学哲学系王巍在他的《科学哲学问题》中译为"渐进实在论"，我觉得该实在论的主要观点是认为科学理论通过修正而越来越接近对世界的真实的描述，所以用"趋真"似乎更好一些。——著者

的讨论来自对感觉和"可观察事物"的讨论。普特南认为,在此意义上,他是个科学实在论者。

在普特南看来,某些科学哲学家也许会说,"导线中有电子流动",认为只有这陈述(和理论、辅助条件一起)能做出真实的预言,或者用一种更加规范的说法,这陈述代表一个根据各种约束条件而变化的模型(包括做出真实的预言)。我们不能期望现在的物理学能够永远不变地存在下去。我们知道也许明天的理论在概念上和经验上会和今天的理论不一致。是否明天的理论会给我们带来对电子更好的描述?或者电子注定要成为科学史上一个临时的概念(就像亚里士多德支撑行星的"球体"概念)?

有时理论家如斯尼德(J. Sneed)、拉卡托斯(Imre Lakatos)和刘易斯(David Lewis)会说,只要后来的理论保持先前的理论的"核心"假设或"核心"应用(或者两者兼而有之),后来的理论和先前的理论就会涉及相同的实体。但是普特南认为,这样说无济于事。除非"核心"和"保护带"的区别是根据后来的理论观点做出的,否则就不能说"核心"假说得到了保留。例如,狭义相对论保留了牛顿力学中的许多概念,如动量、动能、力。如果我们把牛顿定律看成在"非相对论的"宏观低速上的近似正确,那么我们就能说狭义相对论保留了牛顿物理学的"核心"。但是这完全是从牛顿物理学的立场来定义牛顿物理学的"核心"的。

普特南提到,也有其他哲学家认为,说不相容的理论(没有共同模型的理论)中的术语指称相同的实体的说法是没有意义的。一百年前物理学家提出的实体可以说根本就不存在(因为这些理论的经验主张是错的,例如它们的某些预言结果是错的,所以说后来的理论和以前提出的实体相关是没有意义的)。如果未来的理论和我们现在的理论不相容的话(肯定会如此),那么今天物理学所说的实体,一百年后也可能说根本不存在。根据这些观点,理论是一个"黑箱"。它提出了成功的预言,但并非不断接近对微观实体的正确描述。

　　普特南认为,这些新实证主义的观点为它们对理论的"集合论的"解释付出了高昂的代价。几乎所有的哲学家都认为,科学坚持"趋真性知识"(convergent knowledge)的理想。皮尔士(Charles Peirce)的"探索的理想限制"(ideal limit of inquiry),波普尔的"知识的增长",阿佩尔(K. O. Apel)的"一致同意的规范性理想"(regulative ideal of consensus)都是这相同主题的不同表述。放弃认为我们曾经达到一种稳定的表述的观念,放弃认为我们接受这样一种描述是其他规范性理想中的一员,就是放弃了科学观中非常重要的部分——以许多方式提示方法论的部分。

　　普特南说,也许他提到的新实证主义者会说,他们并未放弃知识增长的理想:他们只是把它限制在他们的语言(观察语言加集合论)能够言说的范围内。但是,完全相同的问题又出现在观察语言层面。普特南提出，要保留跨越一百年的科学知识增长中的术语，必须有某种形式的"宽容原则"（principle of charity）（即我们应该把不同理论中相同术语的指称看成相同的，以避免把太多的错误或不合理的信念加到我们要解释的东西上面）。这样，如果电子在理论变化中保留了其指称，那么说"电子在导线中流动"就是正确的，并不需要今天的理论具有完全正确的"经验主张"（Putnum，1982）。

三、伊恩·哈金的分类

在伊恩·哈金看来，科学实在论可以分为两类，一类是实体实在论（realism about entities）。这种实在论认为科学理论中提出的理论实体或不可观察的实体是真实存在的。而反实在论认为理论实体是逻辑上的虚构，是思考世界的工具。另一类是理论实在论（realism about theories）。这种实在论认为科学理论是指向真理的，要么为真，要么为假。真理就是对世界的真实的描述。而反实在论者认为，理论是有用的，充其量是有根据的，但不一定是真的。他们认为，理论并不一定有真假，它们是预测现象的工具。伊恩·哈金认为，反实在论是复杂的。有的不承认理论实体的存在，但承认真理的存在，如罗素（Bertrand Russell）。有的承认理论实体的存在，但是反对真理的存在，如范·弗拉森和卡特赖特（哈金，2011：22—24）。

伊恩·哈金认为科学实在论还可以分为一般实在论（realism-in-general）和特殊实在论（realism-in-particular）。一般实在论和形而上学相联系，特殊实在论则需要实验证据的证实。有些科学家可能在总体上是个实在论者，但在特殊问题上是个反实在论者。如威利斯·兰姆（Willis Lamb）相信现在的光学理论是正确的，但认为光子是人为构造的，没有实在性。伊恩·哈金认为，虽然一般实在论和特殊实在论有区别，但两者也相互联系。特殊实在论决定着一般实在论问题的解决。特殊实在论问题的解答有待于具体科学的发展（同上，23—25）。

四、安简·查克诺瓦提的分类

安简·查克诺瓦提把科学实在论分为三类。第一类是解释主义的实在论（explanationist realism）；第二类是实体实在论（entity realism）；第三类是结构实在论（structural realism）。它们共同的论证策略是运用选择性（selectivity）概念。它们用选择性来提高实在论的说服力，特别是有关不可观察实体的说服力。因为人们广泛接受这样的观点：我们过去的科学理论，甚至我们的最佳理论，严格地说，如果不说全部也是绝大部分是错误的。引入选择性，就能把实在论观点和这种观点融洽起来。因此科学实在论可以说，导致科学理论成功的不是科学理论中那些错误的部分，而是那些正确的真的部

普特南(Hilary Putnam，1926 —　　)

分。只要对过去的科学理论进行选择,把错误的和正确的分开,把真的找出来,科学实在论就是正确的(Chakravartty, 2011)。

解释主义实在论涉及最佳理论的组成部分,如(不可观察)实体、过程和规律。要想获得成功的新的预测,这些实体、过程和规律是解释科学理论的经验成功不可或缺的。解释主义者认为,如果我们在解释理论成功时提到的不可观察实体是不可或缺或非常重要的,那么和我们最佳理论精确描述的不可观察实体相联系的实在论就可以得到确证。例如,如果一个人认为成功的新预测是在总体上和实在论承诺相符理论的一个标志,那么解释主义认为,理论中对做出新的预测不可或缺的那些方面,是理论和实在论承诺最相符的部分。因此,基切尔(Philip Kitcher)把理论分为两部分:一部分是"预设部分"即"空闲部分";另一部分是"工作部分"。和实在论有关的是后一部分。普西洛斯则认为,可以通过证明过去理论的成功并没有依靠它们错误的那些部分来为实在论辩护。有证据足以表明,导致过去理论成功的理论的定理、方法,一直保留在现在科学的形象中。对解释主义的直接挑战,就是要它提出一种客观的规则的方法来精确地确定理论中的哪些部分导致了过去理论的成功。否则就是马后炮,把现在理论中保留的部分,说成解释过去理论的关键部分(同上)。

实体实在论认为,在一定的条件下,我们可以通过操作不可观察的实体(例如,电子和基因),影响某些现象,获得不可观察实体的因果知识,就能证明这种实体的存在。我们运用有关某种不可观察实体的因果知识(有时是非常精确地)带来某些效果的能力越强,实在论就越可靠。实体实在论得到了克里普克(Saul Aaron Kripke)、普特南的指称因果论的支持。根据指称因果论,即使描述某一实体性质的理论发生了重大变化,我们还是可以成功地指称这个实体。这种观点保证了在理论随着时间发生变化时的认知承诺的稳定性。然而,指称因果论是否能够运用于实体实在论的语境,这还是有争议的(同上)。

结构实在论不再坚持最佳理论是对外部对象(不可观察的实体、过程、属性等)的描述,而是强调理论在结构上和自然界的一致。结构实在论者怀疑不可观察实体的属性,但是对不可观察领域的结构持实在论立场。他们认为我们最佳理论描述的某种关系表征了(represent)不可观察领域的结构。形形色色的结构实在论可以归为两大类:第一类强调结构范畴和属性范畴在认知上的区别;第二类强调本体论。前一种认知观点认为,我们的最佳理论可能没有正确描述不可观察实体的属性,但是成功地描述了它们之间的某种联系。后一种本体论观点认为,实在论者仅能获得关于结构知识的理由是,构成各种联系的实体概念在形而上学上是有问题的——事实上,根本没有这样的东西。如果有这样的东西,在某种意义上它们也依附或者依赖于它们的联系。第一类结构实在论面临的一个挑战是,阐述一种结构概念,使得对它的认识有效地区别于对属性的认识;第二类结构实在论面临的挑战是,澄清相关的依附或依赖概念(同上)。

五、郭贵春的分类

郭贵春在他的《科学实在论教程》中把科学实在论分为六类:

(1) 本体论实在论(ontological realism):强调科学研究的对象是独立于精神和观察的客观物质世界。在此基础上反对一切唯心主义、现象主义和实证主义。从本体论出发,对科学理论做出解释和说明。

(2) 认识论实在论(epistemological realism):强调科学是对外部世界的真的或近似真的认识。这种实在论的基本原则有:(i)感觉是科学家和客观世界联系的桥梁,而不是认识的障碍;(ii)在科学理论中不存在"观察语句"和"理论语句"之间的绝对分明的界限;(iii)如果某个理论认为,存在真实的实体、事件和过程,并做出了可检验的预测,则该理论就是合理的。总之,认识实在论认为经验是科学理论产生的基础,也是检验科学理论的标准。科学实践的成功确定了某一科学理论是真理。

(3) 意向实在论(intentional realism):这种实在论根据直

觉而不是经验来确定和理论术语一致的实体存在。即从某种科学的或哲学的信念出发,通过断言使理论实体和客观实体对应起来。

（4）方法论实在论(methodological realism):从科学方法论的意义和评价标准上来判定理论所包含的理论实体是否和确定的实体相对应。

（5）指称实在论(referential realism):科学理论的术语对应于实体的存在和非存在。这种实在论把重心从认识转向实践。

（6）语义实在论(semantic realism):科学理论的语句是有真值的。成熟科学的理论术语指称了相应的客观实在(郭贵春,2001:5—6,译名有改动)。

六、成素梅的分类

成素梅在《当代科学哲学的发展趋势》中把科学实在论分为六种类型:

（1）本体论的实在论。主要讨论:理论实体是真实的吗?世界是独立于人心而存在着的吗?

（2）认识论的实在论。主要讨论:世界能够被我们认识吗?

（3）语义学的实在论。主要讨论:真理是理论与世界之间的联系吗?

（4）价值论的实在论。主要讨论：追求真理是科学研究的主要目的吗？

（5）方法论的实在论。主要讨论：存在获得知识的最好方法吗？

（6）伦理学的实在论。主要讨论在关于实在的研究中存在道德价值吗？

对这些问题可以单独做出回答，不同回答的组合就构成了形形色色的科学实在论观点（郭贵春等，2009：40）。

综上所述，对科学实在论进行分类是一件困难的事情。因为根据不同的视角，对科学实在论可以有不同的分类。但是从总体上看，科学实在论可以分为三大类，即（i）形而上学实在论；（ii）语义学实在论和（iii）认识论实在论。在上述各种分类中可以归为第一类的有：实体实在论、本体论实在论；可以归为第二类的有：指称实在论、意向实在论、物理主义实在论；可以归为第三类的有：理论实在论、趋真实在论、结构实在论。有些实在论观点则介于两类之间，或三类兼而有之。

第四节　科学实在论的主要观点

实际上，从上面的科学实在论的定义和种类的论述中，我们已经了解了科学实在论的许多基本观点。科学实在论分成不同的种类，各个种类的观点也有差异。但是，它们总有某些共同的东西，构成科学实在论的核心观点。综上所述，形形色色的科学实在论大致包括哪些基本观点呢?

一、亚历山大·伯德的归纳

亚历山大·伯德(Alexander Bird)在他撰写的《科学哲学》(*Philosophy of Science*)中把科学实在论观点归纳为下面几点:

(1)理论可以根据其真理性或者接近真理的程度而进行评价。

(2)理论理所当然的目的在于其真理性或者接近真理。

(3)理论的成功就是支持理论为真的证据。

(4)理论如果是真的,则它们所假定的不可观察的实体将会真实地存在。

(5)理论如果是真的,则它们将会说明可观察的现象(伯德,2008:121)。

二、杰雷特·列普林的归纳

杰雷特·列普林(Jerrett Leplin)在他主编的《科学实在论》(*Scientific Realism*)的导言中总结道,科学实在论观点林林总总,各自不同,但是下列观点是可能为所有自称为科学实在论者所认可的:

(1)目前最佳科学理论至少是近似为真的。

(2)目前最佳理论的主要术语是有真实指称的。

（3）科学理论的近似真理是其预测成功的充分解释。

（4）科学理论的（近似）真理是其预测成功的唯一可能解释。

（5）一种科学理论即使其指称是不成功的，但也可能近似为真。

（6）科学史至少是成熟科学的历史表明：科学在逐渐接近对物理世界的真的解释。

（7）科学理论的理论主张必须按其本义（literally）来解读，即解读为确定为真或为假。

（8）科学理论提出真实的存在主张。

（9）一种理论的预测成功是其主要术语指称成功的证据。

（10）科学的目标是要提出按其本义对物理世界的真实解释。科学是否成功，要根据科学朝着这一目标的进步来评价（Leplin，1984：1－2）。

三、拉里·劳丹的归纳

拉里·劳丹（Larry Laudan）认为，科学实在论大致包括如下观点：

（1）科学理论（至少是成熟的科学理论）近似为真，在相同领域最近的理论比以前的理论更接近真理。

（2）成熟的科学理论中的观察术语和理论术语是有真实指称的（大致上说，世界上有物质对应于我们最佳理论假设的本体)。

(3) 成熟科学中前后相继的理论中,后面的理论保留了先前理论的理论关系和明显的指称对象,即早期理论为后期理论的约束条件。

(4) 可接受的新理论解释了或应该解释以前理论的成功(在它们成功的范围内)。

以上是关于科学实在论的语义学的、方法论的和认识论的观点,还有重要的本体论的观点:

(5) 上述(1)到(4)包含("成熟")的科学理论应该是成功的;确实它们构成了对科学成功的最佳解释(如果说不是唯一的解释的话)。因此,科学在经验上的成功(在给出详细解释和精确预测的意义上)为科学实在论提供了显著的经验的证实。劳丹把持上述观点的实在论统称为趋真的认识论实在论(convergent epistemological realism)(Laudan,1984:219 – 220)。

四、郭贵春的归纳

郭贵春在《当代科学哲学的发展趋势》中总结说,科学实在论有如下基本观点:

(1) 科学理论所描述的实体是独立于认识主体的思想或理论信仰而客观地存在着的。因此,科学理论构成了关于存在的真实主张。

(2) 科学的理论术语(即非观察术语)应该作为特定假设

的相关表达方式来考虑;这就是说,科学理论应当被实在地理解与解释,而不能只停留在理论术语的层面,仅仅作概念化的描述。

(3) 被实在地理解与解释的科学理论是可证实的。而且,事实上,由于被一般的科学证据表明与一般的科学方法论标准相一致,理论也常常被证实为接近真理。

(4) 一种理论接近真理,是对其预言成功的最佳说明;反过来说,一种理论预言成功,是其核心术语所指称的实在存在的证据。

(5) 成熟科学的历史进步表明,无论是对可观察的实体,还是对不可观察的实体来说,科学理论都成功地和更精确地接近真理,即,接近于对物理世界的一种真实的说明。

(6) 在任何成熟的科学中,成功的理论都表明它与先前理论保持着相关的逻辑联系,即,后继理论是典型地建筑在前面理论被具体化的(观察的和被理论化的)知识基础之上的。因此,先前理论将成为后继理论的一个特殊。

(7) 一种可接受的新理论应当说明,为什么它像先前理论一样是到目前为止成功的理论,以及为什么它能够取代先前理论的逻辑根据。

(8) 科学的目的在于探索一种对物理世界的确定的真实的描述。并且科学的成功将由科学朝着取得这一目的的进步来评价。也就是说,提供了详尽说明与精确预测的科学在经验上的成功相应地提供了对某种实在论立场的严格的经验证实和逻辑证明(郭贵春等,2009:43—44)。

综上所述,我们可以看到,科学实在论大致包括如下观点:

(1)目前成功的科学理论是真的或近似为真的。

(2)成功的科学理论中假设的不可观察实体是真实存在的。

(3)成功的科学理论是对目前所观察到的现象的最佳解释。

(4)科学的目的就是要寻求对世界的真实的描述。

第二章

科学实在论的论证

科学实在论从其诞生开始就遇到了反对观点的挑战。在应对挑战中,科学实在论者提出了许多为科学实在论论证的说法,其中影响较大、说服力较强的有无奇迹论证、验证论证、操作论证、最佳解释推理论证、共因原则论证和选择性论证。现分别介绍如下。

第一节 无奇迹论证

要说清楚无奇迹论证,我们先看看什么是奇迹？一般而言,奇迹就是违反自然规律、违反科学定理、违反常识的事件,如在动漫中的"让时间停止或者倒退",或者在时间上"穿越"到古代或未来。常识和科学告诉我们,这样的事情是不可能的,所以称为奇迹。所谓创造奇迹就是把不可能的事变为可能或者变为现实。其实,严格地说,奇迹是创造不了的,创造得出的都不是奇迹。因为能创造的都是可能的,不可能的是不可能创造的,否则就不是不可能的。

宗教常常利用奇迹论证来证明它们的神圣性。《圣经》中就有许多奇迹论证，如在《圣经》中的"出埃及记"中，以色列人在埃及受到了法老的迫害，摩西根据上帝的旨意，用手杖连降十大灾难给埃及：血灾、蛙灾、虱灾、蝇灾、瘟疫、疮灾、雹灾、蝗灾、黑暗之灾、灭长子之灾。最神奇的是，当摩西领着以色列人逃离埃及时，遇到红海挡道。在前有海水阻隔后有追兵逼迫之际，摩西根据上帝旨意，用手杖把海水分开，劈出一条旱道，带领以色列人安然无恙地渡过了红海。然后他用手杖一指，海水复合，把追兵淹没（参见《旧约·出埃及记》）。这实质上就是奇迹论证。因为只有上帝，只有神才能创造奇迹。反过来，只有用奇迹论证才能证明上帝、神的存在。

这样的奇迹论证在中国古代也有。中国古代帝王为了证明自己非同常人，是真命天子，自己当皇帝是上天所选，也会运用奇迹论证。如《史记》卷八"高祖本纪第八"有刘邦出生的传说。"其先刘媪尝息大泽之陂，梦与神遇。是时雷电晦冥，太公往视，则见蛟龙于其上。已而有身，遂产高祖。"你看，刘邦非同寻常，是真龙天子。这种奇迹和《圣经》中圣母玛丽亚受孕生耶稣何其相似！

还有汉高祖刘邦斩蛇起义。说刘邦作为亭长送民工到郦山去，中途逃走者众多。刘邦估计到了郦山都会跑光，在丰西大泽天黑喝酒之后，干脆把他们全部放了。然后带了十多人逃亡。在大泽中行走，有人来说前面有一大蛇挡道。刘邦趁着酒劲上前,拔剑将蛇一斩两段。后来有人至此地,见有老妇夜哭,问其何故?老妇说:"吾子,白帝子也,化为蛇,当道,今为赤帝子斩之,故哭。"(司马迁,1982:347)这些传说,无非是说明刘邦是真龙天子下凡,他当皇帝是上天决定的,因而是正统的。反对他的统治就是反对上天,那是大逆不道,要天打五雷轰的。虽然司马迁记下了这些传说,但是他似乎不以为然。他还记下了刘邦、项羽观看秦始皇出游时的不同表现。当刘邦在咸阳看到秦始皇出游时的壮观场面时,喟然太息说:"嗟夫,大丈夫当如此也!"似乎让人觉得他口水都要流下来了。而秦始皇游会稽、游浙江时,项羽和他伯父项梁同观时说:"彼可取而代也!"何等英雄气概!

科学不同于宗教。科学不能用奇迹论证来证明其理论的正确。同样,和大多数人一样,科学实在论者认为,科学理论在实践中的成功,也不能用奇迹来解释。所以科学实在论的论证方法之一就是无奇迹论证(no-miracles argument)。其基本思想就是:科学理论的成功不是奇迹而是因为科学理论是真的。现在我们来看看,科学哲学家是如何开展无奇迹论证的。

斯塔西斯·普西洛斯在《科学哲学 A—Z》中的"无奇迹论证"条目是这样写的:无奇迹论证是支持科学实在论的主要的有争议的论证,也是所谓的实在论的最终论证。他以普特南的一句话为基础,即"实在论是唯一不使科学成功成为奇迹的科学哲学"。在迪昂（Pierre Duhem）、彭加勒（Jules Henri Poincaré）以及最近的斯马特和麦克斯韦（Grover Maxwell）的著作中可以找到这种论证的不同版本。博伊德和斯塔西斯·普西洛斯把无奇迹论证发展成为建立在"最佳解释推理"（inference to the best explanation）基础上的对实在论的论证。不管如何表述这种论证，它相信科学理论的成功，特别是科学理论产生新的预测的（novel predictions）能力。这种信任导致了对下列两个主题的信任：(i)科学理论应该用实在论来解释；(ii)根据这种解释，这些理论是近似为真的。根据对理论的实在论的理解，科学理论的新的预测和经验的成功是可以期待的。对无奇迹论证的批评认为，它在用乞题（begs the question）的方式来反对非实在论者，因为它依赖一个最佳解释推理，这种推理模式的可靠性本身就值得怀疑。他们还认为，悲观归纳（pessimistic induction）反驳了无奇迹论证（Psillos，2007:166）。

无奇迹论证是由普特南在早期提出来的。他认为，只有科学实在论才能解释科学理论的成功。众所周知，即使反实在论者也承认科学取得了成功。科学成功地帮助我们做出可以被经验证实的预测，让我们进行操作以干涉各种现象，对许多现象做出解释。对这些成功，唯一可能的解释就是，科学的最佳理论是真的或近似真的。它真实地描述了外部世界的实体、属性、规律和结构。否则，对这些成功的解释只能说它们是奇迹。这就是无奇迹论证的基本思路。在有关实在论的讨论中，这种论证被称为"奇迹论证"或"无奇迹论证"。但是笔者认为，还是称为"无奇迹论证"比较贴切。因为这种论证的基本观点就是："科学理论的各种成功不是奇迹。"

安简·查克诺瓦提在他为《斯坦福哲学百科全书》(2011年夏季版)撰写的"科学实在论"条目中说，"无奇迹论证"是在有关科学实在论讨论中支持科学实在论的最有力的直觉。它根源于普特南所说的"只有实在论才使科学成功不是奇迹"的说法。这种论证始于广泛接受的前提，即我们的最佳科学理论是格外成功的：它们促进了对科学研究的对象的经验预测、回溯和解释，而且常常伴随着惊人的准确性，以及对相关现象的复杂的因果的操纵。怎样解释这些成功？科学实在论者赞同的解释就是，我们的最佳解释是真的(或者近似为真，或者说正确地描述了独立于心灵的实体世界及其特性、规律、结构或其他方面)。确实，如果这些理论远不是真的，那么它们成功的事实就是一个奇迹。如果要在直接解释成功或者用奇迹来解释之间做选择的话，显然人们会选择直接解释，即认为我们的最佳理论是近似为真的(Chakravartty，2011)。

尽管这种直觉力量强大，但是无奇迹论证在许多方面也是容易引起争议的。首先，人们提出的怀疑就是质问：科学的成功真的需要解释吗？例如范·弗拉森和雷(K. Brad Wray)就认为，成功的理论类似于生物中的适应环境者——因为只有成功的理论(或适应环境的生物)才幸存下来,因此毫不奇怪理论是成功的。所以没有必要去解释成功。然而,我们不能肯定,这种进化的类比能不能彻底消解无奇迹论证后面的直觉。例如,人们也许会问,为什么某一种具体的理论会成功?寻求的解释也许能够展示理论本身的某些特色,包括它对不可观察对象的描述。尽管对是否这种解释必须是真的也是有争议的。虽然大多数解释要求解释的前提(explanans)必须是真的,但实用主义的解释理论并不需要这一点(同上)。

有些哲学家认为,无奇迹论证本身就是一个被称为基本概率错误(base rate fallacy,或简称为基率错误)的谬误推理。例如,对某种疾病的检测率,呈假阴性(阴性即无该疾病)的比例是0,呈假阳性(阳性即有该疾病)的比例是 1/10(即没有该病的人的 10%)。如果一个人检测为阳性,那么他患病的概率是多大呢? 如果说,根据假阳性的比率,他患病的概率是90%,这是错误的。因为实际的概率取决于某些更为关键的信息:全部人口的基本概率(即全部人口患病的比例)。总体发病的比率越低,阳性结果证明患病的比例也越低。与此类似,用科学理论成功作为其近似真理的标志(假设一个低的假阳性——远非真的理论就是成功的)是不可靠的,也是一个基本概率错误。理论的成功本身并不意味着它可能近似为真。而且由于我们没有独立的方法来认识理论近似为真的基本概率,因此理论近似为真的概率是无法衡量的。沃勒尔(John Worrall)

认为,这些说法反对无奇迹论证是无效的。因为它们依赖了用概率把无奇迹论证的错误地形式化(Chakravartty,2011)。

有些反实在论者反驳道,成功的科学理论不一定是真的。科学史中确实有过这样的事实:成功的科学理论最后被证明并不是真的。哲学家劳丹就指出在不同的科学领域、不同的科学时代有约三十多种这样的理论。有关燃烧的燃素理论就是其中之一。燃素理论认为任何物质在燃烧时都会释放出被称为"燃素"的东西。这种理论在 18 世纪末以前为科学家广泛接受。后来被证明是错的。因为后来拉瓦锡(Antoine Laurent Lavoisier)提出的燃烧理论认为,燃烧其实是个氧化过程。虽然现在人们普遍认为燃素说是错误理论,但在当时,它很好地解释了燃烧现象,非常符合当时的观察数据,取得了经验的成功。

这类例子说明科学实在论的"无奇迹论证"似乎过于仓促。论证者把科学理论的成功当作该理论为真的证据。但是科学史表明,有些经验上成功的理论结果都是错的。那么,我们怎么知道,同样的命运不会落到今天的科学理论头上? 例如,原子理论会不会走上和燃素说相同的道路? 反实在论者认为,一旦我们熟悉了科学史,就会看到从经验成功推出理论真理是非常不可靠的。所以,反实在论者提出,对待原子理论的理性态度是不可知论的,它可能是真的,也可能是假的。究竟是真是假? 我们不知道(Okasha,2002:63 - 64)。

为了回应反实在论的这种批评,科学实在论者对"无奇迹论证"做了相应的修正。一是把证明为真改为近似为真。有些科学实在论者提出,科学理论的经验成功证明,理论有关不可观察世界的描述是近似为真,而不是准确为真。这样就能较少受到科学史的相反例证的攻击。它也相应承认,今天的科学理论也许并非在每一细节上都是正确的,但是它们大致是对的。另一种回应方法是修正经验成功的概念。有些实在论者提出,科学理论的经验成功不仅仅是符合已知的观察数据,而是能够预测新的未知的观察现象。根据这一更为严格的经验成功的标准,就不容易在科学史中找到这样的例子:经验成功的理论结果后来成了错的。

这样的修正到底能不能拯救"无奇迹论证",现在还无定论。但是它们确实减少了不少科学史上的反例,但是还没有达到完全没有反例。光的波动理论就是遗留下来的反例之一。波动理论最早是由惠更斯(Christian Huygens)提出来的。根据这种理论,光是通过在称为"以太"的媒介质中的振动而传播的,这种以太弥漫在整个宇宙空间。而牛顿则认为光是由微粒组成,光线传播是由于光源发射出微粒,然后在空间直线传播。由于牛顿的威望,光的微粒学说一度占据上风。直到 1815 年,菲涅耳(Augustin-Jean Fresnel)提出了分析合理并且可运用数学计算的波动理论,使得光的波动理论深入人心。而且菲涅耳的波动理论成功地预测了新的光学现象,后来得到了光学实验的证实,使得许多 19 世纪的科学家都相信波动理论是真的。但是现代物理学告诉我们,波动理论并不是真的,以太根本就不存在。光也不是在以太中的振动,而是电磁波。同样,我们又有了在经验上预测成功的但是错误的科学理论(同上,64—65)。

这一例子说明,即使科学实在论者的"无奇迹论证"把科学理论的成功修正为做出了新的预测也是不成功的。因为菲涅耳的光的波动理论曾经做出了经验上成功的预测,但也不能称为"近似为真"的,因为它是建立在根本不存在的以太的基础上的。这意味着,如果一种理论要近似为真,一个必要条件就是它谈论的实体必须真实存在。菲涅耳理论虽然在经验上成功,但不是近似为真的。同样,反实在论者认为,我们不能因为现在科学理论在经验上的成功,就假定它们是近似为真的,特别是涉及不可观察的理论实体时。因此,"无奇迹论证"对于科学实在论的论证并不是那么可靠的(同上,65—66)。

第二节　验证论证

科学实在论的另一个论证是"验证论证"(corroboration argument)②。这种论证和科学理论描述的不可观察实体有

---

② corroboration 及其动词 corroborate,有"确证"、"确认"或"验证"等含义,本文根据查汝强、邱仁宗、万木春所译波普尔的《科学发现的逻辑》,统一译为"验证"。——著者

关。斯塔西斯·普西洛斯在《科学哲学 A—Z》中的"验证"（corroboration）条目是这样写的：验证是波普尔（Karl Popper）为了和归纳主义者相区别而引入的一个术语。后者认为，证据可以证实一个假说。波普尔反对这种观点。说一个假说得到验证，表明：(ⅰ)它目前没有被证伪；(ⅱ)它经受了严格的检验(证伪的企图)。波普尔认为，假说不可能被证据所证实，因为归纳是不可靠的。如果观察没有证伪一个假说，不是说明该假说成了可能的，而是说明该假说得到验证。但是验证概念并不能说明，为什么说科学家把他们对未来的预测建立在得到最佳验证的理论基础上是理性的。要这样做的话，就必须接受某种归纳原则。验证不同于逼真（verisimilitude）。说一假说比另一假说得到更多验证并不等于说它比后者更接近真理（Psillos，2007：52）。

安简·查克诺瓦提认为，如果不可观察实体或特性可以通过一种科学仪器或实验探测到，人们也许认为这纯属偶然。这种观点完全可以成为否定有关这种实体或特性的实在论的基础。然而，这相同的实体或特性，如果能被不只一种而是两种或更多不同的科学手段检测到，而且检测的方式和因果过程大不相同，就能大大提高实在论的可靠性（Chakravartty，2011）。

哈金举了红色血小板（red blood platelet）中致密体（dense bodies）的例子。这些致密体可以用不同的显微镜探测到。不同的检测手段,例如光学显微镜和电子显微镜,利用了不同的物理过程。这些操作在理论上对应于不同的因果机制。他描述了自己亲自做的观察红色血小板中的"致密体"的实验。他在低倍电子显微镜中看到了红色血小板中有一些小斑点,即致密体。那么这些致密体是真实存在的,还是电子显微镜导致的产物? 检验的方法就是用不同的技术观察,如果都能看到,那就是真实存在的。他把那些小斑点加以荧光染色,然后用荧光显微镜观察,结果清晰地看到了致密体。因此可以得出结论:致密体不是电子显微镜导致的产物,而是真实的存在。在此,检验探测用了两种物理过程——电子透射和荧光二次发射。两个过程是本质上毫不相干的物理过程。然而两种方式都探测到了相同的视觉形态,所以可以确证它们是细胞的真实结构。"对于致密体是什么,我们不需要有什么观念。我们所知道的只是借助于几种技术,看到了细胞的某些结构特征。显微技术本身从来就不谈论这些致密体。"(哈金,2011:161)因此,如果理论解释了许多现象,同时正确预测了某些现象,根据最佳说明推理,我们就说这个理论是真的,因为"现象的共同原因必定是该理论所假设的理论实体"。(同上,162)

验证论证一般这样展开:相同的一个实体或特性能由明显不同的检测方式所揭示。这个事实说明,如果这些揭示所假定的目标事实上不存在,那么这些揭示就是一个极端的巧合(类似于奇迹)。不同的检测方式能得到验证的程度越高，对于假定对象的实在论的论证就越有力。在此的论证可以看成是以直觉为基础的，这种直觉类似于隐藏在无奇迹论证下面的直觉。建立在明显的检测上的实在论如此引人入胜：如果理论上相互独立的不同的检测手段产生出相同的结果，这意味着存在着某种相同的不可观察的实体或特性。因此实在论为这些一致的证据提供了很好的解释。相反，没有共同对象的理论上相互独立的技术产生出相同的结果，只能说是事件的奇迹状态。然而，说检测技术是根据重现他人结果的意愿建构出来或精确测量的，也许是和验证论证相左的。此外，范·弗拉森就提出，人们接受对证据一致的科学解释，并不一定要把它们当作真的。这又再次回到了关于科学解释本性的讨论(哈金，2011：162)。

在科学史上也有这类验证的例子。在 1957 年，当杨振宁和李政道根据实验数据提出了"弱相互作用下宇称不守恒"定律后，吴健雄领导自己的团队利用 β 衰变实验证实了这一点。几乎与此同时，哥伦比亚大学的著名物理学家莱德曼(L. M. Lederman，1988 年诺贝尔物理奖获得者)和加文 (R. Garwin)用完全不同的实验方法也证实了这一定律。此外，还有匈牙利实验物理学家泰莱格迪(Val Telegdi)也独立地用不同的实验证实了这一定律。杨振宁和李政道也因此获得 1957 年的诺贝尔物理奖(魏洪钟，2002：99—136)。

有趣的是,验证这个术语是波普尔引入的。波普尔引入这个术语并不是说验证可以为科学实在论做论证,证明某个理论为真。因为他并不认为观察、实验或预测可以证明科学理论为真。他反对归纳法(induction),认为归纳证实是不可能的,他拒绝承认归纳法是科学研究和推理的主要方法,代之以科学理论的可证伪性(falsifiability)。因为他认为科学理论在证实和证伪方面是不对称的。在逻辑上看,经验不可能证实(verify)一种理论,但很容易证伪(falsify)一种理论。真正科学的理论是有极大的被证伪的风险的。不能被证伪的理论不是科学的理论。波普尔认为,每一个科学的理论都是禁令,即禁止某些事件的发生。它可以受到检验,被证伪,但在逻辑上从来不可能被证实。由于科学理论的不可证实(不能被证实为真),波普尔认为,当一种理论在被严格检验时如没有被证伪(实际上是出现了有利证据),我们就说它得到"验证"(corroborated)了。"一种理论,如果事实上不曾因为检验它所引出的那些新的、大胆的、非概然的预测而遭到反驳,就可能说已通过这些严格的检验而得到验证。"(波普尔,1986:315)不管经历了多长时间,我们都不能因为科学理论经受了严格的检验,从而得出它被证实的结论。只能说它有了比较高的验证度,暂时可以保留为最佳理论,直到它最终被证伪或者被其他更好的理论所替代(Thornton,2013)。

波普尔认为,科学的增长始于问题而不是始于观察。科学家面对新的问题,提出各种猜想和各种假说,然后用演绎的方法,从假说中推论出某些单称命题,即预测。这些预测是在实验上可以检测的,它们如此大胆,让人觉得很新奇但不可靠,所以这些预测有很大的被证伪的风险。科学家从中选出那些来自新理论的预测,把它们和实际应用、实验的结果相比较。如果新的预测被证实,那么推导出它们的新的理论就得到了验证(但绝不是证实),旧的理论就被证伪。波普尔在这里也重视经验的作用,但是他认为,经验不能告诉我们某个理论是真的,只能告诉我们某个理论是假的,至少部分是错误的。科学家暂时不会抛弃这理论,直到找到更好的理论(同上)。

波普尔认为,真理和验证不同。评价一种理论是否得到验证是逻辑评价问题。验证不是确定"真值",不能等同于"真的"、"假的"。同一陈述可以有不同的验证值,这些值可能都是"真的"。所以用理论的成功或者说理论的有用性、证实(confirmation)、验证(corroboration)来定义"真理"是没有用的(波普尔,2008:246—249)。

这似乎说科学实在论用验证论证来为实在论辩护是没有用的。然而,事情并非这么简单。波普尔承认,在讨论科学进步时不谈科学理论的真理性,不涉及"真"这个字,是为了"更安全"、"更经济"。他虽然认为验证不能证明科学理论是真理,但是他承认客观真理的符合论,特别是相信塔斯基

(Alfred Tarski)的真理符合论。他认为科学的任务就是探求真理,即真的理论。

第三节 操作论证

操作论证(operation argument)主要代表人物是伊恩·哈金。他在其著作《表征与干预——自然科学哲学主题导论》中把科学实在论分为两大类,一类为理论实在论,一类为实体实在论。前者关心的是理论是否为真,是否具有真理性,是否趋向真理。后者关心的是理论假设的观察不到的实体,即理论实体是否存在。大多数当代哲学家关注理论实在论。但是伊恩·哈金和南希·卡特赖特都不太重视理论的真理性,而是更偏爱理论实体。他和南希·卡特赖特都是实体实在论者。实体实在论者并不一定是理论实在论者。伯特兰·罗素是理论实在论者,但反对实体实在论。南希·卡特赖特是实体实在论者,但反对理论实在论。她在其著作《物理学定律如何说谎?》(*How the Laws of Physics Lie*)中,否认物理学定律描述了事实,但是承认电子的实在性(哈金,2011:17—33)。

哈金是新实验主义的首倡者之一。他的操作论证是建立在新实验主义基础上的。他认为,科学有两大目标,一是科学理论,一是科学实验。科学理论试图说明世界是什么样的,实验则是和技术一起改造世界。科学理论是表征世界,科学实验则是通过技术干预世界。以往的科学实在论的争论都着重在理论表征方面。这些讨论有意义,有启发,但没有定论,因为它们"沾染了棘手的形而上学"。哈金认为:"在表象的层面,不可能有终极论证来支持或反驳实在论。当我们从表象转向干预,如向铌球发射正电子,反实在论就不堪一击了。"因为:"哲学的最终仲裁者不是我们如何思考,而是我们去做什么。"(同上,25)对比马克思说的"哲学家们只是用不同的方式**解释**世界,问题在于**改变**世界。"(马克思,2009:502),我们发现,强调科学实践,强调科学实验的新实验主义的思想根源,似乎可以追溯到马克思那里。哈金指出,"实在"观念有两个神秘的来源,一个是表象的实在性,另一个是有关能够影响我们、我们也能够影响它们的物体的观念。人们常常在表象的层面讨论科学实在论,而新实验主义要从干预的层面讨论科学实在论。他提出,凡是我们能够用来干预世界或者世界能够影响我们的,都是可以算做实的(哈金,2011:116—117)。哈金指出:"科学哲学家们总是讨论理论与实在的表象,但是避而不谈实验、技术或运用知识来改造世界。……科学哲学已经变成了理论哲学。"现在要"更认真地看待实验科学。实验有自己的生命。"(同上,121)

哈金认为,主张实体实在论者,如斯马特和卡特赖特,都是因果论者。他们认为,某些理论实体是某些现象的原因。根据这种因果论,我们可以用理论实体导致的某种现象制造另一类现象。如果我们可以把正电子或电子发射到铌球上,改变铌球的电荷,那么铌球的电荷改变就是发射正电子或电子的结果。因此我们可以认为正电子和电子是实在的,尽管我们不能直接观察到它们。这实际上就是哈金的操作论证。他认为,关于电子如何构成原子,原子如何构成分子,分子如何构成细胞,我们可能没有正确的理论。但是我们有模型和理论。它们使得我们能够理解现象,构建实验技术,进行干预,创造从未见过的新现象。使得事情发生的不是正确的定律,而是电子之类的东西,所以电子是实在的,因为它们产生了效应(哈金,2011:29—31)。哈金在其著作中这样写道:"有关中等大小理论实体的事实,为相应的科学实在论提供了有力论证,以至于哲学家们都羞于讨论显微镜。例如,我们首先猜测存在某种基因,然后制造工具来看到它。就连实证主义者不也应该接受这样的证据吗?……诸如此类的实在论/反实在论交锋,在严肃的科研人员的形而上学面前相形见绌。"(同上,150)哈金进一步讨论了在实验中如何验证真实的现象。他认为:"确信一个感知到的结构是实在的或真的,可以有很多根据。其中最自然的根据也是最重要的。"(同上,160—161)人们常常说,科学家的任务就是要解释他们在自然界发现的现象。但是哈金认为,实验不仅仅是发现现象,科学家还经常通过实验"创造现象"。"现象的创造更有力地支持明智的科学实在论。"(同上,176)哈金指出,实验研究为科学实在论提供了最有力的证据,不仅在于它们检验了关于实体的假说,而是在于它们探测到了常规性的操控原则上不能观察的实体,产生了新的现象,探索了未知的自然。所以绝大多数实验物理学家对于某些理论实体,都是实体实在论者。(同上,208)

总之,哈金对实体实在论的操作论证就是:对于不可观察的理论实体,如果我们能够用实验技术操纵它们,产生新的现象,那么这些理论实体就是真实存在的。他总结道:"对于假设或推论的实体的实在性,最好的证据是我们能够开始测量它,或者理解它的因果力量。而证明我们有此种理解的最佳证据,是我们能够从零开始,利用这样或那样的因果联系,制造运转相当可靠的机器。因此,实体实在论的最佳证明是工程,而非理论。"(同上,217)

第四节　最佳解释推理论证

在介绍无奇迹论证时,我们曾经提到,博伊德和斯塔西斯·普西洛斯把无奇迹论证发展成为建立在"最佳解释推理"(inference to the best explanation)基础上的对实在论的论证。实际上,上面介绍的对科学实在论的 3 种论证都和最佳解释推理论证有关,或者说都是建立在最佳解释推理论证之上的。因此,我们可以把上面 3 种论证转换为最佳解释推理。例如,对于无奇迹论证,我们可以说,对科学成功这个事实的最佳解释,就是科学理论是真的(理论实在论);对于验证论证,我们可以说,对于通过不同方式都可以检测到某种观测不到的实体的特性这一事实的最佳解释就是,该实体是存在的(实体实在论)。对于操作论证,我们可以说,虽然我们不能观测到某些实体,但是我们可能通过实验操纵它们,用它们来引起某些现象。对于这一事实的最佳解释就是,该实体是存在的(实体实在论)。

最佳解释推理又称为溯因推理(abduction)。斯塔西斯·普西洛斯在《科学哲学 A—Z》中对"溯因推理"是这样概括的:溯因推理是一种推理形式。溯因推理是面对某种现象,提出许多假说。如果某种假说是真的,它就能最佳地解释那种现象。溯因推理最早是皮尔士提出来的。皮尔士认为,溯因推理的过程是这样的:首先观察到一个奇怪的现象 C。对于这个现象,我们提出假说 A。如果假说 A 是真的,那么 C 就是理所当然的。因为观察到 C,所以我们就有理由说 A 是真的。皮尔士在早期时认为,溯因推理可以直截了当地确证某些假说为真。但是后来他又认为,溯因推理是一种发现新的假说的方法。他把溯因推理当作一个概括过程,根据可靠性把假说加以排列。这个过程包括通过演绎从假说中推出预测,然后用归纳来检验它们(Psillos,2007:4-5)。萨伽德(Paul Thagard)认为,溯因推理是一种推出假说的推理,这种假说为某些令人迷惑的现象提供解释(Thagard,1988:51-52)。

说到推理,我们会想到演绎推理和归纳推理。它们是我们最熟悉并且运用得最多的两种推理形式。演绎推理就是从所给定的前提推出结论。只要前提是真的,结论就一定是真的。因为结论本身就蕴涵在前提中。因此,演绎推理一般形式为:所有 A 都等于 B,a 也是一个 A,所以 a 也等于 B。

> 例如(1):所有复旦大学的本科生只有通过学士学位
> 论文答辩才能取得学士学位,
> 李四是复旦大学本科生,
> 李四也必须通过学士学位论文答辩才能取
> 得学士学位。

但是并非所有推理都这样的。归纳推理一般是从有限的事实推出结论。即使前提都是真的,但结论并不一定是真的,因为结论并不蕴涵在前提中,而是超越了前提覆盖的范围。这就是休谟(Dvid Hume)提出的让哲学家头痛至今的"归纳问题"。

> 例如(2):2013 年第一季度上海人均月薪为7 112元,
> 王五在上海工作,
> 王五该季度平均月薪 7 112 元。

从这个例子看,前提 1 和前提 2 是真的,但结论不一定是真的。王五也许该季度平均月薪为 1 万元,也许该季度平均月薪为 3 000 元。

皮尔士认为,溯因推理是不同于演绎推理和归纳推理的第三种推理。演绎推理属于必然推理,而归纳推理和溯因推理则属于不必然推理。有些归纳推理纯粹是基于统计数据的推理。

> 例如(3):复旦大学 80% 的学生来自上海以外的其他省市,
> 张超是复旦大学学生,
> 张超是外省市学生。

两个前提都是对的,但结论可能不正确,张超也许是上海市考入复旦大学的学生。统计数据 80% 也可以用"大部分"或"大多数"来替换。也许这种基于统计的归纳推理称为溯因推理更好。例如,你看到了许多灰色的大象,没有看到不是灰色的大象,得到结论:"大象是灰色的。"这其实就是溯因推理,因为"大象是灰色的"为你看到许多灰色的大象提供了最佳解释。

对于溯因推理,我们也许不大熟悉,对它进行研究的哲学家也不多。其实我们在日常生活和科学研究中大量地运用溯因推理。在日常生活中,我们看到了一些现象,总想寻找它们的原因,用的就是溯因推理。

例如(4):当我们今天早晨起床时,看到张三床上已经没人,他的桌上有一只空的牛奶盒,他床下的运动鞋也不见了。我们就会得出解释:张三早早起了床,喝了牛奶去参加晨跑了。

这就是你认为的对所看到现象的最佳解释,即溯因推理。也许事实是有另一位同学喝了牛奶,顺手扔在张三的桌上。或者张三没有去晨跑,而是去火车站去接他妈妈了,他妈今天早晨7点坐火车到达上海虹桥火车站。这事张三谁也没有告诉。从这个例子我们可以看到,这种推理从前提中并不能推出必然为真的结论。然而,使你得出他晨跑的结论是因为这结论是对你所看到的现象和你拥有的信息的最佳解释。

归纳推理和溯因推理都是扩展(ampliative)推理,即结论不是逻辑地包含在前提中。后者和前者的区别在于溯因推理或明或暗地求助于解释考虑,而归纳推理则不求助于解释考虑,只求助于观察到的频率或统计数据(注意溯因推理也求助于统计数据)。溯因推理和归纳推理一样,它们不同于演绎推理的是,它们没有演绎推理的单一性,即从同一组前提,可以推出几个结论(Douven,2011)。如例(4)在前提中加上"昨天晚上张超说他妈坐火车来看他,今天一早到"这样一句,那么结论就会是"张超一早去接他妈了"。因为,这是在新条件下的最佳解释。此外,溯因推理不同于归纳推理的地方还有:溯因推理是回溯的,是后向的(backward)。它一般是从前提向后推测原因,如推测的原因为真,则前提得到解释。归纳是前向的(forward),它一般是从前提中向前总结出结论,如前提为真,结论可真可假。

溯因推理并不仅仅局限于日常生活,它也广泛应用于科学研究。科学哲学家认为它是重要的科学方法之一。下面有两个例子。

19世纪初,人们发现天王星偏离了按照牛顿万有引力定理和太阳系有七大行星的假设计算出来的轨道。一个可能的解释是牛顿理论错了。然而,考虑到牛顿理论两百多年的成功,这似乎不是一个最佳的解释。天文学家亚当斯(John Couch Adams)和勒维烈(Urbain Leverrier)各自独立地几乎同时提出,太阳系存在未观察到的第八颗行星。他们认为这为天王星轨道异常现象提供了最佳的解释。后来人们在他们通过计算后建议的位置观测到了这颗星——海王星(同上)。

又如物理学史中的电子的发现。英国物理学家汤姆逊(Joseph John Thomson)做了一个阴极射线实验。他想知道阴极射线是不是带电粒子流。结果他得出结论:确实如此。下面是他的推理:

"阴极射线在静电力的作用下发生偏转,就好像它们带有负电荷;在磁场力的作用下,它们的表现也像带负电

的物体通过磁力线。因此我肯定地得出结论：它们是带负电荷的粒子流。"（转引自同上）

从上述汤姆逊的实验报告中并不能逻辑地推出阴极射线带负电粒子。汤姆逊也没有任何统计数据可以依靠。只能说他的结论是他当时唯一可以想到的最可靠的解释（同上）。

萨伽德在他的著作《计算的科学哲学》（*Computational Philosophy of Science*）中提到，正如皮尔士注意到，后来被心理学家如格里高利（Richard Laugton Gregory）和洛克所证实，溯因推理甚至在相对简单的视觉现象中也起作用。许多视觉刺激是很弱的或模糊的，然而人们会很老练地加以整理。我们很容易形成这样的假设，说一个模糊不清的脸像是我们一个朋友的，因为我们这样能够解释所观察到的东西（Thagard，1988:53）。

长期以来，人们一直争论溯因推理在科学研究中起的作用是发现还是确证。皮尔士在此问题上的立场发生了变化。在19世纪90年代前，他讨论了一种他称之为"假说"的推理形式，他说："我们发现某些非常奇怪事实，它们需要用假设（即它是某种一般规律的一个案例）来解释。在此我们提出了假说从而采纳了那个假设。"（转引自同上）然而在后来，他又在他的推理形式分类中用溯因推理替代了他所说的假说。他说溯因推理仅仅给推理者提供了有问题的理论，供归纳来证实。皮尔士著作的编撰者掩盖了他的思想——从认为推出一种解释假说的溯因推理可能是某种确证的形式,到认为它只是一种发现的形式的微弱观点的转变。萨伽德认为,皮尔士观点发生转变的一个重要原因,是因为他注意到了假说方法的明显的弱点。我们经常能够提出一个假说来解释某个令人困惑的事实,但是由于有其他解释的可能性,这种假说不能被接受。仅仅用一种理论来解释事实,远不能保证理论是真的。因此他确定,他所说的做出预测和检验的归纳是确证的唯一来源。萨伽德认为,皮尔士放弃他所说的假说方法是不必要的。需要的是更好的解释:理论能够从它们所解释的事实中得到确证(Thagard,1988:53－54)。

萨伽德把溯因推理分为四类:简单溯因推理、存在溯因推理、形成规则溯因推理和类比溯因推理。

第一类溯因推理是简单溯因推理。这类推理提出关于个别对象(关于某人或某物的)的假说。在日常生活或科学研究中,有些问题是解释问题。如果有些信息需要解释,而且又有可供解释的现存规律,那么只要做出一些假设就可。这时溯因推理是最适用的。例如,你看到一个年轻人迈克尔的穿着古里古怪,就面临一个解释"迈克尔穿着古怪"这个现象的问题。如果你相信一个规律:摇滚歌手一般都穿着古怪,即如果 X 是摇滚明星,那么 X 穿着古怪。注意这个规律并非普遍为真,一个默认的期望就足以提供大致的解释。我们并不关心怎么确证这个假说:"迈克尔是摇滚明星",现在关心的仅仅是溯因推理至少能帮助你形成"迈克尔是个摇滚明星"这个假说。溯因推理就是要寻找规律来对要解释的事实提供可能的解释。皮尔士把这种推理形式归纳为:

Q 需要解释。

如果 P 则 Q。

————————————————

因此假设 P。

因此,对迈克尔的推理如下:

要解释"迈克尔穿着古怪(为真)"。

如果"摇滚明星(X)(为真)",那么"穿着古怪(X)(为真)"是现有规律。

————————————————————————————

那么,"迈克尔是摇滚明星"可能为真。

显然,假说"迈克尔是摇滚明星"是溯因推理的结果。这种推理的一般形式如下:

$G(a)$ 需要解释,例如为什么 a 是 G。

如果 $F(x)$ 则 $G(x)$，例如所有 F 都是 G。

因此，假设 $F(a)$，例如 a 是 F。

有时简单溯因推理比较复杂，根据不同的条件可以形成不同的假说。如果涉及的规律具有这样的形式：如果 A，B，C 和 D，则 E，其中 E 为要解释的事实，A，B，C，D 都可能是假设的。例如，对于某一爆炸事件 E，可以假设 A 事故、B 恐怖袭击、C 物质自燃、D 电路短路。但是如果 A，B，C，D 中有一个为已知，那么就没有必要做出那么多假设。如果在上述爆炸现场发现了恐怖袭击的物证，那么就排除了其他三种假设的原因的可能性。例如，2013 年 4 月 15 日，美国当地时间下午 2 点 50 分，波士顿国际马拉松赛现场发生了连环炸弹袭击事件，造成 3 人死亡，逾百人受伤，其中多人伤势严重。波士顿警方在爆炸现场和死伤者身上，找到高压锅炸弹的残骸，包括炸飞到附近房顶上的一个盖子和藏有炸弹的黑色背包的碎片。警方还找到锅的碎片，以及据信是引爆装置一部分的电线、电池和电路板。从监控录像中发现曾有人将几个背包带到爆炸现场。视频截图显示，爆炸发生前，一个黄色背包被丢在路边，靠着人行道栅栏。栅栏的另一边，则站满了为运动员欢呼的人群。而随着烟雾腾起，四周人群立即倒地。因此，警方确定这是一起有预谋的恐怖袭击事件。因此，在假说形成中有两个关键因素,一是如上所说的溯因推理的抽象形式,二是联系有关的规律。溯因推理可以看成某种逻辑推理,但是联系有关规律似乎就有心理的因素。实际上,在给定条件下,联系有关规律还是有一定的逻辑根据的(Thagard,1988:54-56)。

第二类溯因推理是和实体实在论相关的存在溯因推理。这类推理假定了以前没有观察到的实体如新的行星的存在。例如著名化学家巴斯德(Louis Pasteur)在研究疾病传染的过程中提出了某种当时未能检测到的传染媒介的存在,后来科学家确定这种传染媒介就是病毒。另一例子是前面提到的19世纪天文学家亚当斯和勒维烈根据天王星的轨道异常提出了当时未观察到的海王星的存在,后来为天文观测所证实。

存在溯因推理的过程类似于简单溯因推理,也是寻找相应的规律来为需要解释的对象提供可能的解释。如上面所说的海王星的发现在形式上可以归纳为:

天王星轨道异常(为真),

如果行星(x)(为真)、行星(y)(为真)和接近(x, y)(为真),

那么(x)轨道异常(为真)。

意思是说,如果有一行星接近另一行星,就会导致其轨道异常。这就导致两个假说：

(i) 行星（% y）可能为真；(ii)（天王星，% y）接近可能为真。

也就是说，在天王星附近可能有一个行星。百分号"%"表示存在的意思，所以"% y"表示"存在一个 y"。当然，这并不保证在天王星附近真的有一颗行星。类似地说水星和太阳之间有颗行星的溯因推理，就被证明是错的。但是形成假说对于进一步的研究常常是非常有价值的（同上，57）。

一般来说，当规律条件中包含关系谓语（predicates），它们的某些论证并不限于使用要解释的对象所包含的信息时，常常运用存在溯因推理。在形式上，如果要解释的问题是为什么对象 o 具有性质 F，例如，要得出 F(o) 为真，那么规律形式就是：

如果 R(x, y) 为真，则 F(y) 为真。

也就是说，如果 x 和 y 处于关系 R，那么 y 就是 F，产生假说：(R(%x, o) 为真)，即存在某 x 和 o 处于关系 R 中。和简单溯因推理一样，存在溯因推理也有多种条件的情况。

科学史中有些重要推理可以看成存在溯因推理。例如，17 世纪的科学家为了解释燃烧现象，假设存在燃素。实验表明，物质在燃烧之后，重量变轻，因此人们认为它含有某种称为燃素的东西，在燃烧中放出。燃素存在的存在溯因推理是这样的：

要解释为什么 x 减轻重量。

如果 x 包含放出的物质 y，则 x 重量减轻。

———————————————————————————————

因此，x 中存在某种物质 y，燃烧时放出。

后来实验使用封闭的容器，结果发现物体在燃烧中增加重量。这导致了另一存在溯因推理：存在某种物质（氧气），在燃烧中和物体结合在一起（氧化）（同上，57—58）。

第三类是形成规则溯因推理。这类推理提出解释其他规则的规则，因而在提出解释规律的理论方面是很重要的。萨伽德谈到了两种运用形成规则溯因推理的方法。第一种方法是有问题的，它似乎在理论形成中不起作用。在这种方法中，我们假定了规则"所有 A 都是 B"来解释"为什么某个 A 是 B"。这种方法直接从事实中溯因推理出规则。假设你想解释"为什么迈克尔穿着古怪？"而且你已经知道他是一个摇滚歌手，你也许很自然地会形成这样的假说："所有摇滚歌手都穿着古怪"，因为这样你就能解释为什么迈克尔也是如此。因此，这种推理形式是：

迈克尔穿着古怪。

迈克尔是个摇滚歌手。

———————————————————————

所有摇滚歌手都穿着古怪。

在这具体情况下,这种推理似乎是合理的。但是如果增加其他条件,就可能产生许多其他的假说,引起混乱。例如,如果你知道关于迈克尔的其他事实,如迈克尔爱读搞怪小说、喜欢踢足球,等等,每个事实都可能产生新的假设规则。要排除过多的假说,有必要引入概括:考虑反例、事例的数量和多变性。然而这样做就使得从事实溯因推理出规则变得多余,因为它形成的规则可以更加充分地通过和解释无关的概括得到。和哈曼(Gilbert Harman)的说法相反,并非所有归纳都要推出解释。我们可以通过考虑铜导电的例子以及关于多变性的背景知识概括出所有铜都导电,而无需直接担心解释的事情。因此,在人工智能中,人们排除了从信息中溯因推理出规则的一般机制,并没有产生明显的损失,因为有关可观察物的规则可以通过概括来形成。

然而,溯因推理出信息在产生新的规则方面仍然有着重要的作用。为了解释"如果 x 是 F,那么 x 是 G"这种形式的规律,通常是从某些任意的是 F 的对象 x 出发,然后试图解释为什么 x 是 G。这就把事情降到解释信息的水平,推出其他信息的溯因推理可能产生出有关 x 的其他假说。

第二种运用形成规则溯因推理的方法是把溯因推理和概括相结合。这是萨伽德欣赏的运用方法。在他看来,形成规则溯因推理通常是这样进行的:如果我们做出"是 x 的 F 同时也是 G"的溯因推理,因为这样可以解释"为什么是 G",我们可以很自然地概括出:"所有 F 都是 H。"这比用第一种方法导致的一般的形成规则溯因推理更为严格,因为只有在通过另一个包含代表任意事例的普遍变量的信息对一个信息已经有解释时,它才可能触发(Thagard,1988:58 - 59)。

萨伽德以声音的波动理论的发现为例解释了这类形成规则溯因推理。我们可以把要解释"为什么声音会传播和反射?"转换为要解释:"对于任意 x,为什么既是声音又具有传播和反射性质?"当我们有了波的概念,运用上面提到的简单溯因推理的方法,就能解释为什么 x 会传播和反射。现在我们知道了 x 是波和 x 是声音的信息,加上前面的简单推理的结果,就能形成溯因推理规则并且得出:所有声音都是波。因此我们通过溯因推理和形成溯因推理规则得到了"声音是波"的理论假说(同上,59—60)。

第四类溯因推理是类比溯因推理。这类推理利用过去提出的假说的案例,提出类似的新的假说。萨伽德认为,上面谈到的溯因推理和溯因推理形成规则的结合,足以形成简单的单一的解释规则,如"所有声音都是波"。但是假说的形成有时就会复杂得多。夏洛克・福尔摩斯(Sherlock Holmes)侦破一个谋杀案要形成许多错综复杂的假说。他不仅要找出凶手,还要找出凶手是用什么方法以及谋杀的动机是什么。夏洛克·福尔摩斯在大部分情况下是通过类比来构成他的错综复杂的假说。他知道,在过去的相同案件中,罪犯作案是有某些动机的(Thagard,1988:60)。

类比推理的多种多样显然在科学中是非常重要的。科学家常常要寻找一个特殊的假说,因为他们知道某些假说可能有帮助,理由是他们曾经研究过相关的案例。一种理论成熟后,科学家常常想用类似的解释。例如,牛顿力学的伟大成功,使得18世纪和19世纪的大多数科学家试图用力学来解释各种现象。在上面所说的溯因推理中,假说都是根据和所要解释事实相关的、规则的条件直接或间接产生的,正如把波传播的规则用来解释为什么某物会传播。然而,某些假说的形成利用了过去的知识,而且有很大的飞跃。如果你想解释一个和已经得到解释的事情有些相似的事实,你自然就会想到类似的解释。因此,寻找解释也许会从类比推理中受益。萨伽德认为,达尔文的自然选择理论的发现似乎就是建立在类比溯因推理的基础上的。他经常谈到和家禽培育的人工选择的类比在他的自然选择思想的形成中有着重要的作用。他的推理可能是这样的:他熟悉许多家禽培育的情况,其中有培育出新的种类的鸽子或狗的情况。如果要问牧羊犬是怎样培育出来的,他可能运用从以前知道的案例中得出的规律说,大概有某个或某些培育者,培育时选择某种希望的特点,直到出现牧羊犬。达尔文(Charles Robert Darwin)把动物种类变化看成类似于培育,这其中有很大的飞跃。因为人们一般都相信动物种类是由上帝个别创造的。既然牧羊犬是通过培育创造的,我们就可得出类似的假说,狗的种类也是通过某种未知的机制选择的结果。这种类比假说还不够充分。达尔文将其和马尔萨斯(Thomas Robert Malthus)有关人口增长的观点进行类比,提出了自然会如何进行选择的假说(同上,54—65)。

近来,人们大多把溯因推理说成最佳解释推理。斯塔西斯·普西洛斯在《科学哲学 A—Z》中是这样概括最佳解释推理的:最佳解释推理是和皮尔士的溯因推理最接近的推理方式。最佳解释推理最早是由吉尔伯特·哈曼提出的。他用它来描述这种推理过程:如果某种假说是真的,它就解释了证据。根据这个事实,我们可以说那个假说是真的。接受某个假说的可靠性是建立在该假说本身的解释能力上,而不是和其他假说相比较。因此,面对解释证据的几个假说,我们必须有理由在做出推理之前,拒绝其他假说。解释力和解释的基本功能(即提供理解)有关。评价解释力有两个方向。首先要看在应用最佳解释推理时起作用的特殊的背景信息(信念)。其次是看竞争的解释可能有的几个结构性特点(标准)。这些标准可能包括:完备性、简单性、统一性和精确性。然而,尽管许多哲学家承认这些标准和解释之间的某种真实的联系,但是他们质疑它们的认知地位。为什么是这些标准而不是其他实用的标准? 赞同者则说,这些特点有直接的认知作用:它们保证了我们信念整体的融贯,也保证了我们信念整体和对证据的新的潜在的解释的融贯(Psillos,2007:122 - 123)。

第五节　共因原则论证

科学实在论的另一论证是共因原则论证(the principle of common cause)。如果在两个事件 A 和 B 中,A 和 B 有关联,但 A 不引起 B,B 也不引起 A,而且没有任何可观察事件引起 A 和 B。例如,在几何光学中,光能反射(事实 A)和光能折射(事实 B),两个事实之间有一种关联。任何光线,具有其中某一属性的必有另一属性。根据共因原则,可以假定存在某个不可观察的 C(光波)引起了 A 和 B,从而证明了不可观察实体的存在(牛顿-史密斯,2006:396)。萨蒙(Salmon)也认为,共因原则证明了不可观察事件和过程的存在(范·弗拉森,2002:33)。假设有两个间歇泉,相距一里开外,以不规则的时间间隔喷水,然而通常几乎是完全同时喷水。人们就可以怀疑它们来自相同的水源,至少它们的喷发有一个共同的原因。是这个共同的原因在两者喷发前发生作用,导致了它们的同时喷发。这种同时相关的事件大概有一个先在的共同原因的观点,最早是由赖欣巴哈(Hans Reichenbach)精确阐述的。科学实在论用它来证明没有观察到的和不可观察的事件的存在,从统计数据中推导出因果联系(Arntzenius,2010)。

赖欣巴哈在他的遗著《时间的方向》(*The Direction of Time*)一书中详细地阐述了共因原则。他说，假设闪电引燃了丛林，大风使火蔓延，成了一场大灾难。在此火和风的巧合有一个共同的结果——大面积着火。但是当我们问，为什么这种巧合会发生？在这里，我们不是指共同的结果，而是寻找共同的原因。暴风雨产生了闪电，也产生了风。这不大可能的巧合从而得到了解释。这种推理方式说明了一种规则：对不大可能的事情的解释要用原因而不是结果。支配这种推理的逻辑方式就称为共因原则。它可以这样表述："如果发生一个不大可能的巧合，那里一定存在一个共同的原因。"(Reichenbach，1971：157)

在我们的日常生活中，我们常常运用这种推理。假设房间里的两盏灯突然熄灭，我们认为不可能两个灯泡碰巧同时烧坏。我们寻找烧坏的保险丝或者共同的电力供应的中断。这不可能的巧合因而作为共同原因的产物得到了解释。共同的结果——房间突然一片漆黑的事实不能解释巧合。假设舞台剧中几个演员突然病倒，出现了食物中毒的症状。我们假定有毒的食物来自相同的来源——例如同一个快餐店——从而寻找共同的原因来解释这巧合。演员同时生病也有共同的结果：演出必须取消，因为替换这么多演员是不可能的。但是这种共同结果并不能解释这种巧合(同上)。

当然，概率巧合(chance coincidences)并非不可能：灯泡可能同时烧坏,演员们可能因为不同的原因同时生病。因此,在这些案例中,共同原因的存在并非绝对肯定,而只是可能的。当巧合反复发生时,这种可能性就大大提高。测量工具,如气压计,如果相距不太远的话,总是展示相同的读数。这一事实就是存在共同原因的结果——在此共同的原因是存在相同的大气压强(同上,157—158)。

赖欣巴哈认为,把共因原则看成统计问题是明智的。假设人们观察到事件 A 和事件 B 频繁发生,它们单独发生的概率分别是 $P(A)$ 和 $P(B)$,它们同时发生的概率为 $P(A.B)$,那么

$$P(A.B) > P(A) \cdot P(B), \tag{1}$$

即,事件 A 和事件 B 同时发生的概率大于事件 A 和事件 B 各自单独发生的概率之积。对左边运用概率的一般乘法,有

$$P(A.B) = P(A) \cdot P(A, B) = P(B) \cdot P(B, A), \tag{2}$$

即,事件 A 和 B 同时发生的概率等于事件 A 单独发生的概率乘以事件 A 发生时事件 B 发生的概率,或等于事件 B 单独发生的概率乘以事件 B 发生时事件 A 发生的概率。从关系(1)中我们导出两个关系式:

$$P(A, B) > P(B), \tag{3}$$

$$P(B, A) > P(A), \tag{4}$$

即,事件 A 发生时事件 B 发生的概率大于事件 B 单独发生的概率;事件 B 发生时事件 A 发生的概率大于事件 A 单独发生的概率。其中由关系(3)、关系(4)中的每一个关系式都可以导出关系(1),反之亦然。因此,关系(3)、关系(4)和关系(1)等价。在此推导中,假设这些概率均不为零。

为了解释事件 A 和事件 $\dot{B}$ 的同时发生(其概率大于概率巧合的概率),我们假定存在一个共同原因 C。如果可能的共同原因不止一个,C 可以代表这些原因的析取($disjunction$)。现在我们假设 A,C,B 满足下列关系:

$$P(C,A.\ B) = P(C,A) \cdot P(C,B), \tag{5}$$

即,共因 C 存在时事件 A 和事件 B 同时发生的概率等于共因 C 存在时事件 A 发生的概率乘以共因 C 存在时事件 B 发生的概率。

$$P(\overline{C},A.\ B) = P(\overline{C},A) \cdot P(\overline{C},B), \tag{6}$$

即,没有共因 C 存在时事件 A 和事件 B 同时发生的概率等于没有共因 C 存在时事件 A 发生的概率乘以没有共因 C 存在时事件 B 发生的概率。

$$P(C,A.) > P(\overline{C},A), \tag{7}$$

即,共因 C 存在时事件 A 发生的概率大于共因 C 不存在时事件 A 发生的概率。

$$P(C,B) > P(\overline{C},B), \qquad (8)$$

即,共因 C 存在时事件 B 发生的概率大于共因 C 不存在时事件 B 发生的概率。

现在可以证明,可以从这些关系中推导出关系(1)。因此,我们可以说,关系(5)—(8)定义了一个合取(conjuction),即事件 A 和事件 B 同时发生的频率大于它们各自单独发生的频率。当我们说,共因 C 解释了事件 A 和事件 B 的同时发生,我们不仅仅是说关系(1)可以从其他关系中推导出来,也是表明这个事实,即相对于共因 C,事件 A 和事件 B 是相互独立的:统计学的相互依存关系在此可以从相互独立关系中导出。共因是连接的桥梁,它把相互独立关系转变为相互依存关系(Reichenbach,1971:158 - 160)。

因此,赖欣巴哈认为,必须用共因来解释统计相关性,这是科学方法论的一个原则。即科学必须导入现象背后不可观察的结构,"除非有不可观察的实体,否则科学的解释将是不能的。"(范·弗拉森,2002:33)

第六节 选择性论证

选择性论证是科学实在论论证的总体策略,特别是关于不可观察物体的论证。这种论证方式承认在科学史上许多科学理论甚至在当时被认为是最佳的科学理论都是错的。但是在那些科学理论中总有某些方面或某些成分是真的或接近为真的，而且我们有能力确定那些方面或成分。因此对这些方面采取积极的认识论态度，可以为科学实在论做论证。安简·查克诺瓦提把这种论证方式称为选择性乐观主义或选择性怀疑主义。其基本态度就是，只要对过去科学史中被证明错了的科学理论进行选择性分析，总能找到其中某些真的或正确的方面，这些方面证明了科学实在论是正确的。例如，虽然托勒密（Claudius Ptolemeus）的地球中心说认为地球是静止不动的是错的，但是其中有许多天文观察数据反映的现象是真的，至少太阳、地球是真实存在的，是真的。采取这种论证方法的最典型的就是第一章中提到的解释主义实在论、实体实在论和结构实在论（Chakravartty，2011）。

解释主义者认为，假定不可观察的实体存在的科学实在论是科学理论成功的最佳解释，如果说新的预言成功是科学理论的实在论标志，那么那些导致新的预言的方面就是科学实在论的最好证明。基切尔提出，要把理论的"假设"部分和"起作用"部分区别开来，是后者导致了新的预言的成功，所以后者是实在的。普西洛斯认为，科学实在论可以证明，过去理论的成功并不是依靠它们的错误的部分，"只要表明，导致过去理论成功的理论规律和理论机制还保留在我们现在的科学形象中就足够了。"（转引自 Chakravartty，2011）然而对解释主义者的直接挑战是要求他们提供客观的方法，说明以往科学理论哪些方面或者哪些部分导致了它们的成功,哪些方面还保留在我们现在的科学理论中,否则实在论就是马后炮,就是事后诸葛亮(同上)。

实体实在论也采取了选择性论证策略。在实体实在论者看来,证明不可观察实体(如电子、基因)存在的方式,就是通过实验操纵它们,干扰某些现象从而产生某些效果。根据因果联系,影响现象产生效果的能力越强,说明不可观察实体的存在的可能性就越大。持这种观点的主要代表是哈金(同上)。

结构实在论也运用了选择性论证。但是它怀疑不可观察实体的实体性质,把实在论保留在对不可观察领域的结构方面,认为由我们的最佳解释理论所描述的某些关系所表征的结构是实在的。在安简·查克诺瓦提看来,形形色色版本的结构实在论可以归为两大类。第一类强调结构概念和自然概念之间的认识论区别;第二类强调本体论方面。前者认为,也许我们的最佳理论可能没有正确地描述不可观察实体的性质,但是成功地描述了它们之间的某种关系。后者认为,理性实在论者只能希望获得实体概念的结构知识,至于它们存在与否是没法确定的。实体在某种意义上突现于(emergent from)或依赖于它们之间的关系。然而,对于结构实在论者来说,认识论版本遇到的最大挑战,就是如何阐明结构概念,使得有关它们的知识不同于有关实体性质的知识。对本体论版本的挑战则是如何阐明突现(emergence)和依赖的相关概念(同上)。

以上介绍的是科学实在论的六种典型的论证。其实仔细分析一下,每一种论证都有其弱点,都无法一劳永逸地为科学实在论辩护,无法完全驳倒反实在论的攻击。这也就解释了为什么反科学实在论总会不断地以这样或那样的形式卷土重来。

第三章

对科学实在论的挑战

科学实在论和反科学实在论是一对孪生兄弟。在有科学实在论的地方,总有反科学实在论的声音,反之亦然。在科学哲学史中,反科学实在论对科学实在论提出了形形色色的挑战,其中主要代表有工具主义(包括现象主义、约定论、实用主义)、相对主义和历史主义(见第四章)。除了上述观点外,影响大的反实在论论证还有证据不充分说、悲观归纳论和对最佳解释、近似真理的质疑。在此择要分别介绍如下。

第一节 工具主义的挑战

在科学哲学中,科学实在论有许多不同的立场,但是它们几乎都赞同这样的观点,即科学命题是有真假的,判断其真假主要是根据真理符合论,即看其能否和观察是否保持一致。但是工具主义(instrumentalism)认为,科学理论并不是对世界的真实描述,不是什么真理,而是为了解释所观察到的现象的工具。牛顿-史密斯把工具主义分为两类:一类为**认识论工**

具主义(epistemological instrumentalism),这类工具主义承认理论有真有假,但是这一事实与理解理论的性质、科学的增长没有关系,这种观点的主要代表有劳丹。另一类为**语义学工具主义**(semantical instrumentalism),这类工具主义认为理论无所谓真假,只是工具而已,这种观点的主要代表有马赫(Erust Mach,见 Newton-Smith,1981:30)赫斯对这种工具主义有清晰的表述:

> 工具主义假定,理论具有和观察陈述相关的工具、用具或计算手段的地位。根据这种观点,它假定理论可用于在观察陈述之间建立联系并使它们系统化,从其他观察陈述系列(数据)中推导出某些观察陈述系列(预言);但不涉及理论本身的真假或指称问题(同上)。

即理论不涉及真假或指称问题,因为理论术语没有意义。理论的先决条件是:无论是理论语句,还是包含理论术语和观察术语的语句,只是起着帮助我们做出预言的工具的作用(同上)。下面介绍几种主要的工具主义思想。

一、拯救现象

工具主义由来已久,最早大约可以追溯到公元前 1 世纪的古希腊天文学家盖米诺斯(Geminus)。他认为天文学家用数学和假说来研究天体运动就是"拯救现象"（save the appearance），不必认为天体真的如此。在公元 2 世纪，托勒密提出用本轮、均轮的数学模型来解释行星运动现象。他也认为这是"拯救现象"而非行星的真实运动。这种"拯救现象"的观点逐渐成了古代天文学的传统（Losee，2001：17－18）。16世纪主张"拯救现象"的典型例子和哥白尼的《天体运行论》（De Revolutionibus Oribium Coelestium）有关。哥白尼在他的《天体运行论》中提出太阳中心说时，当时路德教派的主教安德烈亚斯·奥西安德（Andreas Osiander）为他撰写了序言。人们也许会觉得奇怪：基督教的官方学说是赞成地球中心说的，怎么主教竟然会为相反的理论——太阳中心说写序？原来他在序言里说，哥白尼的太阳中心学说并不是真的，只是为了"拯救现象"提出的。他认为哥白尼继承了天文学家的传统，那就是可以自由地构建有关天文现象的数学模型。在天文观测中发现了不少和托勒密的地球中心理论不一致的现象。在安德里斯·奥西安德看来，为了解释这些现象，把这些异常现象纳入天文理论中，哥白尼提出了太阳中心说。"拯救现象"大概就是最早的工具主义思想。在工具主义看来，科学理论并不是对客观实在的真实的描述和解释，而是为了解释所观察到的现象的一种工具，因此它无所谓真假，只有好用、不好用或者恰当、不恰当之分。所以基于这样的认识，安德里斯·奥西安德为哥白尼的《天体运行论》写了序，并且在写给哥白尼的信中劝他把太阳中心说仅仅当作一个假说。他在《天体运行论》的序言中这样写道：

"这部著作宣称地球在运动，而太阳静居于宇宙中心。这个新奇假设已经不胫而走。……天文学家的职责就是通过精细和成熟的研究，阐明天体运动的历史。因此他应当想象和设计出这些运动的原因，也就是关于它们的假设。因为他无论如何也不能得出真正的原因，他需要采用这样或那样的假设，才能从几何学的原理出发，对将来以及过去正确地计算出这些运动。本书作者把这两项任务都卓越地完成了。这些假设并非必须是真实的，甚至也不一定是可能的。与此相反，如果它们提供一种与观测相符的计算方法，单凭这一点就够好了。……不必说服任何人相信它们是真实的，而只需要认为它们为计算提供了一个可靠的基础。可是因为对同一种运动有时可以提出不同的假设（例如为太阳的运动提出偏心率和本轮），天文学家愿意优先选用最容易领会的假设。……因为新的假设是令人赞美的、简明的，并且与大量珍贵的、非常精巧的观测相符合。只要是在谈假设，谁也不要指望从天文学得到任何肯定的东西，而天文学也提供不出这样的东西。"（哥白尼，2006：18，着重号为本书著者添加。）

1581 年耶稣会数学家克利斯多弗·克拉维斯(Christopher Clavius)就宣称哥白尼是通过从错误的公理中得出行星运动定律来拯救行星运动现象。1615 年红衣主教贝拉敏(Cardinal Bellarmine)告诫伽利略(Galieo Galilei),应该把哥白尼体系看成说明现象的数学模型,可以说这个数学模型比托勒密体系更好地说明了现象,但不能说它是真的(Rosee, 2001:40 – 41)。

总之,根据"拯救现象"的说法,科学理论是为了使杂乱无章的现象呈现出规则性并使其得到很好的解释的人为的假说。科学家可以根据自己的想象提出各种各样的假说或模型来解释自然界。这些假说或模型只是一种帮助认识的工具。我们不能由此得出世界就真如假说或模型所说的那样的结论。

二、马赫的现象主义

在近代,工具主义的主要代表首推马赫。马赫的工具主义观点也被称为现象主义。现象主义者认为,我们只能认识或者说只拥有感觉材料,我们没有必要相信我们感觉不到的东西的存在。而且根据奥康剃刀(Ockham's razor)原则,我们不需要增加不必要的实体(Bradley, 1971:12 – 13)。马赫认为,在我们对物体的认识过程中,我们只能获得各种感觉要素,如颜色、声音、压力,物体就是这些看得见、听得到、触得着的要素在时空中的复合体。"物、物体和物质,除了颜色、声音等等要素的结合以外,除了所谓的属性以外,就没有什么东西了。"(马赫,1986:5)因此,马赫认为,世界仅仅是由我们的感觉构成的。我们的知识也仅仅是关于感觉的知识,被人们认为引发感觉的感觉背后的东西及其相互作用,只是一种假定,是赤裸裸的思想符号。他这样说道:

> "并不是物体产生感觉,而是要素的复合体(感觉的复合体)构成物体。假如在物理学家看来,物体似乎是长存的、实在的东西,'要素'则是物体的瞬时即灭的外现,那么,他就是忘记了一切'物体'只是代表要素复合体(感觉复合体)的思想符号。"(同上,23)

而且,马赫还认为,"物体"和"自我"都是假定的单一体。它们是人们用于初步考察或达到某些实用目的的权宜的工具(同上,9—10)。所以,在马赫看来,"物质"、"物体"等实体并不是真实的存在,而是人们为了达到某些目的假定其存在,是认识中的一种工具而已。而且马赫特别指出,在科学研究时,我们决不要让自己受到诸如"物体"、"自我"、"物质"、"精神"……这样一些概括和限定的限制,因为它们都是为了特别实用的、暂时的、有限的目的做出的假设(同上,24)。显然,马赫的这种现象主义的、工具主义的观点,对实体实在论构成了直接的挑战。

不仅如此,马赫还否定自然定律(laws of nature)的客观实在性,对自然定律提出了工具主义、心理主义的解释,从而对理论实在论提出了挑战。马赫批评了那种认为"自然定律是自然界的过程必须服从的法则"的观点。他指出,这些定律实际上是我们从那些过程中抽象出来的,在抽象的过程中,我们免不了会犯错,所以它们不是什么自然界必须遵从的法则,"在起源方面,'自然定律'是在我们的经验引导下,我们对我们的期望所规定的限制。"(马赫,2007:496)而且,马赫认为,自然定律是我们心理需要的产物,是我们在面对自然界、面对自然过程,为了寻找我们的道路取得成功而建立起来的。它们实际上是人们把自己的心理动机投射到或归因于自然,追求"以最小的努力达到最大的结果"的经济的作用,所以它们实质上是人们认识过程的工具(同上,501)。"因此,可以把自然科学视为一类工具的收集,为的是理智地完成任何部分给定的事实,或者为的是尽可能地限制在未来的案例中的期望。"(同上,503)所以在马赫看来,自然定律只不过是观察者的期望的主观指示(prescription),实在本身没有必要符合这些期望(同上,505)。

马赫之所以得出上述结论是由于他深受休谟的怀疑论的影响。休谟把因果联系和必然联系还原到心理的习惯。马赫则认为归纳是心灵的想象行为,它缺乏保证而且经常充满错误。所以三段论和归纳都不是物理知识的来源,它们和新的物理知识的创造无关(Bradley,1971:176 - 177)。马赫这样写道:

> "三段论和归纳都不能创造新知识,而只不过保证在我们的各种洞察之间没有矛盾,清楚地表明这些洞察如何关联在一起,并把我们的注意力引向某个特定洞察的不同方面,从而教给我们在不同的形式中辨认它。于是,显而易见,探究者获取知识的真正源泉必然处在其他地方。……对自然科学来说,'归纳科学'的名称因此是没有正当根据的。"(马赫,2007:335)

总之,马赫从他的现象主义立场出发,提出如物体、物质等实体并不真实存在,只是我们感觉要素的复合体,科学理论、科学定律是心理的产物,从而对科学理论以及其中涉及的实体对象都做了工具主义的假设。马赫的现象主义提出后受到了广泛的关注,也遭受了激烈的批评。意大利哲学家阿略奥塔(Antonio Aliotta)就指出,马赫在否定原子、分子的实在性的同时,又犯了和他所反对的实在论的同样的错误,他把经验网络中的感觉要素推上了实在的行列。他用感觉要素来替代物质的原子,只是用感觉的神话替代了机械的神话。如果说原子是抽象的本质,那么感觉要素又是什么呢? 实际上,马赫是用"心理的原子主义"来替代"机械的或物理的原子主义",休谟也犯了同样的错误(Bradley,1971:13－14)。

三、彭加勒的经验约定论

彭加勒是 19 世纪末 20 世纪初的伟大的数学家、物理学家和天文学家。在数学方面,他提出了自守函数理论,创立了多复变解析函数理论、代数拓扑学,还在代数几何学、数论、代数学、微分方程、非欧几何、渐近级数和概率论等方面做出了杰出贡献;在物理学方面,他展开了对经典物理学的批判,是相对论的先驱,也是量子理论的倡导者和研究者。他还开创了混沌学的研究。在天文学方面,他成功地解决了"n 体问题",开辟了天体力学的新纪元。他在科学领域进行开拓性研究的同时,对科学的哲学基础也进行了深刻的思考,对科学哲学也做出了巨大的贡献。他提出将经验约定论作为几何学和物理学的哲学基础,提出关系实在论预示了结构实在论的发展,其丰富深刻的哲学思想成了后来不可忽视的科学哲学的精神财富。由于本书主要围绕科学实在论展开,在此着重介绍其经验约定论,因为其经验约定论对科学实在论构成了较大的威胁。

彭加勒是约定论(conventionalism)的创始者。首先他的约定论来自他对几何学基础的思考。彭加勒认为,几何学的源头是公理。而几何学的公理既非先验综合判断,也非实验中得到的经验事实。它们是一种约定。这些约定是我们心智自由活动的产物。它们无所谓真假。询问几何学是不是真的这个问题毫无意义,就如同询问米制、笛卡尔(De Scartes)坐标是不是真的一样。人们做出这种约定只是为了方便而已(彭加勒,2006:35—47)。所以"一种几何学不会比另一种更真;它只能是更为方便而已。"(同上,47)彭加勒认为,欧几里得(Euclid)的几何学是最方便的,因为它是最简单的并与天然固体性质相符合(同上)。

彭加勒把他的约定论扩展到数学的其他领域。例如,他提出数学连续统(continuum)也完全是心智的创造,也是一种约定(同上,28)。而且彭加勒认为,在物理学领域,尽管以实验为基础,许多基本概念和基本原理也是约定的。我们的心智颁布法令,并把它们强加给科学(但没有强加给自然界)。没有它们就没有科学。例如,力学也带有几何学公设约定的特征(同上,2—4)。彭加勒指出,没有绝对空间,也没有绝对时间。说两个持续时间相等只有通过约定才有意义。不同地点两事件的同时性也是约定的。所以物理学中的绝对空间、绝对时间、事件的同时性都是约定的。而且惯性原理既不是先验的真理也非实验证实的原理,它也是一种约定。它既不能被实验证实,也不能被实验反驳。还有加速度定律、力的合成法则,在彭加勒看来,都是一种约定,是我们的约定赋予它们确定性。

然而,值得注意的是,彭加勒提出的约定论是经验约定论。彭加勒并不否定经验的作用。他认为:"实验是真理的唯一源泉。唯有它能够告诉我们一切新东西,唯有它能够给我们确定性。"(同上,117)虽然他提出了约定论,但是他认为这约定是受经验制约的。"这种约定不是完全任意的;它并非出自我们的胡思乱想;我们之所以采纳它,是因为某些实验向我们表明它总是方便的。"(彭加勒,2006:112)经验没有把约定强加给我们,但它指导我们的约定,它不能告诉我们什么约定是真的,但是可以告诉我们什么约定是最方便的(同上,63)。在彭加勒看来,心智具有创造约定的能力,但只有在经验需要它时才能利用这种能力(同上,28—29)。彭加勒认为,心智不能任意的创造约定,科学中的约定有其实验根源。他这样写道:

> "那么,加速度定律、力的合成法则仅仅是任意的约定吗?是的,是约定;要说是任意的,那就不对了;它们能够是约定,即使我们没有看到导致科学创造者采纳它们的实验,尽管它们可能是不完善的,但也足以为它们辩护。我们最好时时留心回想这些约定的实验根源。"(同上,94)

虽然彭加勒认为科学理论中的概念、原理是约定的,但他反对把这种约定无限夸大,从而将整个科学说成是约定的,把科学定律和科学事实也说成是科学家主观创造的。他批评说:"有些科学家概括得太过分了;他们认为原理就是整个科学,从而认为全部科学都是约定的。"(同上,114)

在彭加勒看来,科学必须从实验出发,通过实验观察获得科学事实。"科学是用事实建立起来的,正如房子是用石块建筑起来的一样。但是,收集一堆事实并不是科学,正如一堆石块不是房子一样。"(同上,117—118)所以科学还必须在实验获得的观察材料的基础上进行概括和预见。而且实验只能给我们一些孤立的点,我们必须用一条连续的线把它们连接起来,这就是概括。有时我们画的线要避开突然的转折,只是邻近这些点而不是通过它们,这实际上是矫正它们。所以科学不是赤裸裸的事实,而是有序化的有组织的科学。而且实验也不是毫无先入之见,每个人心智中都有自己的世界概念,我们的语言也是由先入之见构成的。这些都为实验增添了概括的因素。只有通过概括,才有可能预见。而"每一种概括在某种程度上都隐含对自然界的统一性和简单性的信念。"(同上,121)所以"一切概括都是假设。"(同上,124)在这些假设当中,有些就是隐蔽的约定。这些约定为科学带来了严格性(同上,117—126,2)。

总之,彭加勒的经验约定论认为科学理论中的科学概念和科学原理是科学家的约定,无所谓真和假。这种观点和科学实在论认为科学理论是反映自然规律的真理的观点截然相反，从而对科学实在论构成了挑战。

四、詹姆士的实用主义

对科学实在论的另一个挑战来自实用主义。实用主义强调效果，强调后果，提出了工具主义的真理观。它否定真理是对客观规律的认识，认为真理不过是为了在实践中达到好的效果的工具。实用主义的主要代表人物有皮尔士、詹姆士（William James）和杜威（John Dewey）。前两人是美国实用主义的创始人，后者是美国实用主义的集大成者。工具主义的真理观就是由詹姆士提出、杜威完善并系统化的。

詹姆士在他的《实用主义》（*Pragmatism*）一书中详细阐述了他本人和席勒（Ferdinand Canning Scoot Schiller）、杜威的工具主义的真理观。他们首先把理论看成满足认识需要的工具，从工具的有用性来评价一种理论是不是真理。他指出，按照后两人的观点，我们信仰中的"真理"和科学真理是相同的，因为真理的意义只是：

"只要观念（它本身只是我们经验的一部分）有助于使它们与我们经验的其他部分处于圆满的关系中，有助于我们通过概念的捷径，而不用特殊现象的无限相继续，去概括它、运用它，这样，观念就成为真实的了。"（詹姆

士,1997:32—33)

　　詹姆士强调,一个新的看法的"真实"程度是和它满足个人愿望(把新的经验吸收到旧的信念中去)的程度成正比的。如新的观念能满足双重的需要,那它就是最真的(同上,35—36)。即根据观念的效果,根据观念的有用性来判断它的真实性或真理性。詹姆士认为,可以说:"它是有用的,因为它是真的。"和"它是真的,因为它是有用的。"这两句话具有同样的意思。"掌握真实的思想就意味着随便到什么地方都有极其宝贵的行动工具。"观念的真实性,不是其固有的、静止的性质,而是它的有效性,它产生效果的过程也就是它的证实过程。真的观念可以帮助我们分类,产生效果,假的观念则不能(同上,103—104)。

　　其次,实用主义还把真理性等同于价值。有价值的就是真的,没有价值的就是假的。"如果神学的各种观念证明对于具体的生活确有价值,那么,在实用主义看来,在确有这么多的价值这一意义上说,它就是真的了。"(同上,40)而且,詹姆士还从道德评价上来看真理性,善的就是真的。"凡在信仰上证明本身是善的东西,并且因为某些明确的和可指定理由也是善的东西,我们就管它叫做真的。"(同上,42)

　　詹姆士认为真理的有用性体现在它的"有价值的引导作用"。真理可以把我们的经验从一个瞬间引导到另一个瞬间。

"这些简单和充分证实的引导无疑是真理过程的原型或原本。"(詹姆士,1997:105)詹姆士从实用主义立场重新解释了真理的"符合论"。他认为,符合不仅仅是描述或表征实在,而主要是把我们引导到实在,和实在发生实际接触,去处理实在或和实在相关的事物,获得比不符合时更好的效果。任何有助于我们和实在打交道的观念都是有效的,也就是真的。所以,符合就是引导,而且这引导是有用的(同上,109—110)。詹姆士这样写道:

> "真观念直接引导我们到达有用的可感知的境界,又引导我们进入有用的语言和概念的地方,它们引导我们走向一贯性、稳定性和人们往来的交际。它们引导我们离开乖僻和孤独,离开错误的和无效的思想。引导过程不受阻碍地流动,免于冲突与矛盾被认为是它的间接的证实;但是,条条道路通罗马,最后,所有真的过程都必然导向某处曾为某人的观念所摹写的可感觉的经验的直接证实。"(同上,110)

实用主义的真理观还是多元真理观。由于真理是工具,工具自然可以是多样的,因此詹姆士认为真理是多数的真理,真理作为对人们实践的引导过程也是众多的。这众多真理在事物中实现,它们都有一个共同的性质,那就是它们都是"合算的"。所以詹姆士声称：

> "对我们说来，真理不过是许多证实过程的一种集体名称，正如健康、富裕、强壮等等都是和生活相关的其他过程的名称一样，我们追求它们也是因为它们是合算的。真理正如健康、富裕、强壮等等一样，也是在经验过程中形成的。"（同上，112）

而且，实用主义的真理还是相对的。因为詹姆士说过："'真的'不过是有关我们的思想的一种方便方法，正如'对的'不过是我们的行为的一种方便方法一样。"（同上，114）虽然他说这种方便是从长远的或总体的角度来衡量的，但他也清楚地知道，眼前的方便未必能保证以后的方便。所以"我们今天只好按照所能得到的真理去生活，并且准备明天把它叫做假的。"（同上）例如，托勒密的天文学、欧几里得空间、亚里士多德的逻辑学和经院哲学以前是方便的，即在它们的经验里是真的，现在就都成了假的了（同上）。

总之，实用主义的真理观试图摆脱真理的符合论和融贯论的对立，走上了工具主义的真理观的道路，从而否定了理论对客观世界的表征，否定了传统意义上的真理，也就是否定了科学实在论的真理观，对科学实在论构成了较大的威胁。

五、劳丹的认识论工具主义

牛顿-史密斯认为劳丹是认识论工具主义者。劳丹的情况有些复杂。他不大赞同别人把他看作反科学实在论者。他把科学实在论分为三种类型。第一种是本体论实在论,认为世界具有独立于认识者的确定性;第二种是语义学实在论,认为科学理论、科学定律和科学假说是关于世界所做出的真的或假的陈述;第三种是认识论实在论,认为我们应当把得到确证的科学理论视为真的。劳丹赞成前两类实在论,但坚决反对最后一种实在论,因为科学史中有许多过去确证了的理论后来被新的事实证明是错的,所以劳丹认为,科学不是追求真理的活动,而是解决问题的活动;而且劳丹声称他对第三种实在论的反对是以前两种实在论为基础的(劳丹,1999:1—3)。

劳丹认为:"科学本质上是一种解题活动。"(同上,13)科学的问题和其他种类问题没有什么区别,科学理论就是对问题的解答。对理论的检验主要是看其是否提供了满意的合适的解答,而不是看其是否是真的,是否得到确证。他这样说道:

"只要一种理论对一个问题做出了近似的陈述,就可以说这种理论解决了这个问题;一种理论是否解决了一个问题,与理论的真假或是否得到好的确证或坏的确证无关;一个问题在某一段时期的解答未必永远是这个问题的解答。"(同上,25)

因此,劳丹认为,问题的解答首先具有近似性,从科学理论推出的预言常常和实验结果不一致,因此事实极少得到解释。理论结果和实验结果只能要求近似得一致。其次,解答具有多样性。同一问题可以由不同的理论来解答,但一种理论可能比另一种更好或近似程度更高。第三,解决问题与理论的真假无关。在确定理论是否解决了问题时,没有必要去管理论的真假问题。"**一般地说,任何理论 T,只要 T 在其结论是关于某个经验问题的陈述的推理过程中起到(重大)作用,就可以被看作是解决了这个经验问题。**"(同上,27)最后,解答具有非永久性。一度被认为是合适的解答,随着时间的推移可能变得不合适(同上,24—28)。因此,劳丹认为,一种理论解决问题的能力与该理论的真假或几率没有关系(劳丹,1999:124)。

劳丹把科学理论区分为两类不同的命题体系。第一类理论是指能用来做出具体实验预测和对自然现象给出详细解释的非常具体的相互联系的学说(通常称为"假说"、"公理"或原理)。例如,麦克斯韦的电磁理论、爱因斯坦的光电效应理论。另一类理论是更为一般的、更不容易检验的原则或假设。例如原子论、进化论、量子论(同上,72—73)。而"更一般的理论而不是更具体的理论才是理解和评价科学进步的主要工具"(同上,73)。在劳丹看来,不必预设理论的真实性或逼真性,就能说明科学的进步。没有人能够证明科学以及科学方法能够保证达到"真理"。**"如果合理性即在于只相信我们能合理地假定为真的东西,并且在经典的、非实用主义的意义上来定义'真理',那么科学就是不合理的(并将永远不合理)。"**(同上,126)因为过去的大多数科学理论已被认为是假的,我们有理由相信现在的科学理论以后也会有同样的命运(同上,127)。

综上所述,尽管劳丹一再否认他所提出的科学模型是工具主义的,但是他认为科学理论无所谓真假,只是为了解决问题而提出来的命题体系,这和实用主义的工具主义如出一辙。

总之,工具主义有如下几个特点:

(1) 认为科学理论无所谓真假,只是认识工具而已;

(2) 把科学术语分为观察术语和理论术语,观察术语是有指称的,与其相关的理论部分是有真假的,而理论术语是没有指称的,只是解释观察现象的人为构造的工具,因此不可观察的理论实体并非真实地存在;

(3) 科学理论只是拯救现象、提高预测能力的工具,而不是对现象的真实的解释(Newton-Smith,1981:28–34)。

第二节　相对主义的挑战

工具主义者认为科学理论只是认识的工具,否定科学理论有真假之分,拒绝把真假概念应用于理论。相对主义者不直接否认科学理论涉及真假问题,而认为科学理论的真假问题部分地或全部地取决于理论提出者所涉及的社会因素。根据这种观点,理论的真理性根据时代、社会、历史因素而不同。根据牛顿-史密斯,相对主义的基本观点可以归纳为

句子 S 可能在 Θ 为真,但在 Ψ 中为假。

句中的"Θ"、"Ψ"代表和真值相关的因素,如特殊的社会群体或特殊的理论。其含义是说同一句话在不同条件下可以有不同的意义,在不同的意义下可以有不同的真值。牛顿-史密斯将此类相对主义称为"平常语义相对主义"(trivial semantical relativism)。另一类"不平常的相对主义"把注意力集中在句子表达的含义(命题)而不是句子上。令 p 为句子"S_1"在条件 Ψ 时和"S_2"在条件 Θ 时的命题,那么 p 可能在 Ψ 时为真而在 Θ 时为假吗? 不能,因为句子"S_1"表达和句子"S_2"相同命题的必要条件是两个句子具有相同的真值条件。因此,规定一个句子的真值条件,就是规定什么会使其为真,什么会使其为假。如果"S_1"和"S_2"的真值不同,它们的真值条件必然不同。

如果它们真值条件不同,它们就表达了不同的含义,即表达了不同的命题(Newton-Smith,1981:34-35)。相对主义者认为,相同的句子 S 在不同的真值条件 Ψ 和 Θ 下,具有不同的真值,表达了不同的命题。因此科学理论中的语句在不同条件下表达为不同的命题,可以为真也可以为假。既然如此,那么科学实在论认为科学理论为真或者部分近似为真的观点就是错的。因此相对主义也对科学实在论构成了很大的威胁。在历史上,相对主义的表现形式是不同的。在现代科学哲学中,在库恩那里,相对主义表现为不可通约性,在费耶阿本德那里相对主义表现为无政府主义。现分别介绍如下。

一、库恩的不可通约性

通常人们都认为科学通过知识积累而进步。库恩坚决反对这种常识科学观。他在《科学革命的结构》(*The Structure of Scientific Revolutions*)一书中,以科学史为基础提出了一种全新的科学发展模式,即一门科学学科的发展往往经历了由前范式时期到以某种范式为规范的常规科学时期,再到出现反常和危机,产生新的范式,从而经历新的范式替代旧的范式的科学革命时期,再到在新的范式下解难题的常规科学时期。尽管库恩在《科学革命的结构》中对于范式的解释和运用不够精确,有人统计在此书中的范式的含义有 21 或 22 种之多(库恩,1981:290)。然而,引起人们最大争议的不是"范式是什么?"而是范式的"不可通约性"。许多学者从库恩提出的范式的不可通约性引申到科学理论的不可通约性,从而得出库恩是相对主义者的结论。

"不可通约性"这个术语来自数学,不可通约指的是一个数不能被另一个数整除,两者之间没有公约数。如在几何学中,等腰直角三角形的斜边长与直角边长不可通约,即斜边不能被直角边整除;一个圆的周长和它的半径不可通约,即周长不能被半径整除,不是半径的倍数。在库恩那里,科学革命就是范式的转换。新旧范式之间存在不可通约性。库恩在《科学革命的结构》中说,他提出的不可通约性包括三个方面:第一,持不同范式的人所拥有的问题清单不同,在旧的范式中的问题到了新的范式中可能就不是问题。不同范式者对什么是科学的标准、定义不同。第二,不同范式中的科学语汇、概念的含义以及和实验的关系不同。如牛顿物理学的空间、时间、质量概念在爱因斯坦的相对论中就有不同的内涵。在托勒密的天文学和哥白尼的天文学中,地球的概念就完全不同,一个是固定的、静止不动的,一个是运动的。第三,库恩认为,处于不同范式下的科学家是在不同的世界中从事他们的事业。他们在同一个方向的同一点看到不同的东西。范式改变了,通过范式看待的世界也改变了。"接受一个新范式的科学家会以与以前不一样的方式来看这个世界。"(库恩,2003:104)库恩运用视觉格式塔转换来说明这一点。科学革命后,原来看到的"鸭子"变成了"兔子"。所以范式的转变不是逐渐完成而是整个突然改变的。而且,库恩还认为,范式之间的竞争不是通过证明来解决的。在相互竞争的范式支持者之间,他们的观点难以完全沟通;而且,新的范式战胜旧的范式,不是因为新的范式能够解更多的难题。科学家在面临自己相信的范式遇到危机、要被新的范式取代时,往往不能接受新的范式。库恩引用了物理学家普朗克(Max Planck)的话来说明,新的科学理论的胜利,不是因为反对者的信服和领悟,而是因为反对者最终都死了,熟悉、喜欢新理论的新的一代成长起来了。因此库恩认为,转而接受新的范式或理论就如宗教上改变信仰。所以,尽管库恩一再强调他所说的不可通约性不等于不可比较性,不可通约的量在一定近似度上可以比较(库恩,2012:23—25)。然而,许多学者就是在他的不可通约性中看到了不可比较性,直接把他的不可通约性理解为不可比较性,从而指责他的理论是相对主义的(Newton-Smith,1981:148)。而且,从上面提到的库恩有关不可通约性的解释看,在他的不可通约性中确实有着不可比较性的含义。他在不可通约性的基础上,完全用相对主义的观点来解释了什么是科学的什么是不科学的界限。他认为在理论选择过程中,不存在完全中性的规则系统,也不存在统一的系统决策程序(库恩,2003:179)。所以

"那些曾一度流行的自然观,作为一个整体,并不比今日流行的观点缺乏科学性,也是人类偏见的产物。如果把那些过时的信念称作神话,那么,神话也可以通过导致现有科学知识的同类方法产生,也有同样的理由成立。另一方面,如果可以把它们称为科学,那么,科学就包含着与我们今日的信念完全不相容的一套信念。当在这两者之间择一时,历史学家们必定会选择后者,过时的理论原则上并不因为它们已被抛弃就不科学了。"(同上,2)

后来,库恩又借鉴蒯因(W. V. O. Quine)所说的翻译的困难来解释他的不可通约性。库恩认为,不可通约性就是说拥护不同范式的科学家是用不同的方式使用相同的词汇,所以无法沟通。库恩后来说,把不可通约性用于科学理论中的词汇或概念,就成了"没有共同语言"。所以不可通约性不是不可比较性。大多数术语的意义在理论发展中得到保留,只有少数术语会有翻译性问题,这就是温和的"局部不可通约性"(库恩,2012:26)。

费耶阿本德也主张不可通约性。他认为库恩的不可通约性涉及三个领域的集合:(A)不同的范式使用了无法产生包含、相斥、相交等通常逻辑关系的概念;(B)不同范式的人看事物的方式不同(因为不同的概念和知觉);(C)不同范式有不同的方法(研究和评价研究)。因此范式可以称为动态的理论,它包含科学的能动性方面。A、B、C合在一起,使得范式相互之间不可比较(费耶阿本德,2005:75)。费耶阿本德认为自己的不可通约性不同于库恩的。他的不可通约性主要集中在上面说的领域A,指的是两种理论的演绎的不相交性,并不包含不可比较性(同上,76)。

总之,如果承认两个不同的范式、不同的科学理论之间的不可通约性,那么就必然假定这两个不可通约的范式、理论有不同的意义,涉及不同的世界。两者说着不同的语言,在不同的历史语境中产生作用。究竟科学不科学,只能相对于其所在的历史语境。这是库恩无法避免的相对主义。它既否定了"不受我们认识活动影响的客观世界",也否定了科学实在论者坚持的科学理论的真理成分(同上,77—79)。

二、费耶阿本德的无政府主义

如果说库恩是羞羞答答的相对主义者(他始终在为自己辩解,说别人把他看成相对主义者是误解),那么费耶阿本德就是理直气壮的相对主义者。费耶阿本德认为,科学在本质上是属于无政府主义的事业。他提出,要过充实的、有价值的生活,要发现自然和人的奥秘,就要抛弃包括当代大部分科学在内的一切普适的标准和传统。在科学领域唯一不阻碍进步的原则就是"怎么都行"(费耶阿本德,2007:1—7),所以费耶阿本德提倡多元主义的方法论。他提出,对于以往的科学事业的常见规则,要反其道而行之,例如,引入和已经得到充分确证的理论不一致以及和事实不一致的假说。这样,知识就不再是自我一致的、向理想观点会聚的理论系列,不再是向真理的接近,而是理论的海洋,其中包括神话和童话。"任何思想,不论多么古旧和荒谬,都有可能改善我们的知识。"(同上,24)科学家的任务不再是"探索真理"、"把观察资料系统化"、"改进预言"。无政府主义者要利用"理性"来挖"理性"权威("真理"、"诚实"、"正义",等等)的墙脚(同上,7—11)。费耶阿本德认为,没有一个理论能和其领域中的全部事实相符。如牛顿的万有引力定律、爱因斯坦的狭义相对论和广义相对论,在一开始就遇到了许多严重的困难(费耶阿本德,2007:31—33)。不仅理论和事实不相一致,而且"理论"、"观察"和"实验结果"的区分也不是截然分明的、确定的(同上,42)。费耶阿本德指出,拉卡托斯和他一样,注意到了科学的各种形象和实在事物之间的巨大鸿沟(同上,159)。科学根本不能提供可靠知识的保证。科学定律可以修正,它们不仅仅是局部不正确,而是对从未存在过的实体妄加论断。费耶阿本德把自己的无政府主义称为认识论无政府主义,它要为最陈腐、最荒诞的陈述辩护。这种无政府主义者不会永远忠于或嫌弃任何制度或意识形态。认识论无政府主义者"不仅没有纲领,而且(他还)反对一切纲领",他爱好为不合理的学说发明无可辩驳的理由。他明确地反对普适标准、普遍定律、普遍观念,如"真理"、"理性"、"正义",然而在行动时权当它们存在(同上,165—166)。认识论无政府主义者认为,在探讨自然和社会方面有许多不同的方式,没有什么客观条件来指导我们对方式的选择。而且,对于任何目的或科学目的,无政府主义的非方法比任何包括标准、法则、规定的组合都有更大的成功机会(同上,173)。

费耶阿本德用命题的方式总结了他所提出的科学理论不可比较性概念。第一命题:存在一些思想的构架,它们是不可比较的。第二命题:个人的知觉和思想的发展,经历了一些相互不可比较的阶段。第三命题:科学观点及其关于基本问题的观点互不相同,有些科学理论虽然讨论同一题材,但相互不可比(同上,252—255)。

最后,费耶阿本德总结道:"科学同神话的距离,比起科学哲学打算承认的来,要切近得多。科学是人已经发展起来的众多思想形态中的一种,但并不一定是最好的一种。科学惹人注目、哗众取宠而又冒失无礼,只有那些已经决定支持某一种意识形态的人,或者那些已接受了科学但从未审察过科学的优越性和界限的人,才会认为科学天生就是优越的。"(同上,271)

总之,费耶阿本德的无政府主义对于科学实在论甚至科学的威胁在于:(i)否定科学知识与其他知识甚至神话之间的

133

区别③;(ii)否定真理的存在,从而否定了科学实在论坚持的科学理论的真理性;(iii)否定科学方法,从而否定了科学实在论坚持科学理论的实在性。

第三节 证据不充分说

一、什么是证据不充分说

在众多对科学实在论的反驳论证中,在 20 世纪谈论得最多的或者说被广泛滥用的是证据不充分说(the underdetermination of theory by data)。证据不充分说有许多不同的版本,如蒯因提出,任何理论在任何情况下都可以看成是真的。库恩说,旧的范式并不一定就不科学。费耶阿本德说,在科学上怎么都行。拉卡托斯认为,只要有许多聪明的人动脑筋,任何理论都可以看上去很好(Laudan,1996:19)。仔细分析一下,这些说法最后都可以归于证据不充分说,因为证据不充分说的基本思想就是:现有的科学证据不足以证明解释它们的科学理论是真的,不足以证明科学理论为了解释所观察的现象而假设的不可观察实体真地存在。激进的证据不充分说认为,在现有的任何证据上可以提出任何理论,而且任何理论都可以和任何证据一致。

---

③ 这一点可以视为科学知识社会学的强纲领的同路人。——著者

安简·查克诺瓦提认为,证据不充分说的论证大致上是这样的。我们把一系列科学信念总体上称为"理论";许多不同的相互冲突的理论都和数据一致;数据完全能证实那些信念;证据没有为我们提供理由,说明我们应该相信这些理论中的哪一个而不相信另一个。假设这些理论的差异恰恰就在有关不可观察实体(可观察方面的数据是这些理论共有的)方面,那么选择相信这些理论中的任何一个都是证据不充分的。这是对实体实在论的有力挑战。反实在论者提出,每一个理论都有经验上等价的竞争者,也就是说,都在可观察方面一致,在不可观察方面不一致。这就构成了怀疑科学实在论赞同的某些具体理论的真理性的基础。因此形形色色的反实在论提出,涉及不可观察实体的假说和理论,不仅是建立在和它们真实性有关的证据上,还和那些无法说明它们真实性的因素有关(Chakravartty, 2011)。

凯尔·斯坦福(Kyle Stanford)在他为《斯坦福哲学百科全书》中撰写的"科学理论的证据不充分说"(underdetermination of scientific theory)条目中,系统地阐述了证据不充分说的论证。他指出"证据不充分论证"的核心,是我们在某个时间所有的证据,不足以决定我们与其相应的信念。例如,我们花 10 元钱买苹果和橘子。苹果 1 元 1 个,橘子 2 元 1 个。我知道你不能买 6 个橘子。但是我不知道你是买了 1 个橘子 8 个苹果,还是 2 个橘子 6 个苹果,或者 3 个橘子 4 个苹果等等。在格言"相关并不一定是因果联系"背后的基本原理指导下，我们可以找到相应的科学事例。如果看大量的卡通片导致孩子在球场上有更多的暴力行为，我们可以找到看卡通片的频率和球场上的暴力行为的相关性。但是，我们也可能发现有暴力倾向的孩子比其他孩子更喜欢看卡通片。如果有暴力倾向和喜欢看卡通片都是某个第三因素引起的，如父母的疏忽或吃了过多的糖果（twinkies），那么，看卡通片和球场暴力行为有很高的相关性是一种证据，它本身只能对我们相信它们两者之间存在因果关系的观点构成不充分论证（Stanford，2013）。

二、证据不充分说的来源

凯尔·斯坦福指出，最早的证据不充分说大约可以追溯到笛卡尔的怀疑论。笛卡尔提出，怎么能够知道我们看到桌子、椅子的感觉是可靠的，怎么能够知道不是有一个魔鬼为我们制造了这种幻觉？这实际上就是一种证据不充分说的论证，即对于我们看到的桌子、椅子的现象，可以从认识论角度说是我们的视觉通过光感觉到了它们，也可以说是有一个魔鬼让我们产生了幻觉。针对一个现象可以有两种说法，根据笛卡尔的说法，这个现象无法让我们相信某种说法是可靠的，即现有的现象作为证据来论证其中的任何一种说法都是不充分的。纳尔逊·古德曼（Nelson Goodman）提出来的新归纳之谜，即说我们现在所有的证据，同样可以支持和现在得出的结论完全不同的未来的结论,也属于这种证据不充分说(Stanford,2013)。

关于科学理论的证据不充分说大概最早来自法国哲学家迪昂的《物理理论的目的和结构》(*The Aim and Structure of Physical Theory*)。迪昂在讨论如何证实科学假说时谈到,科学假说不能单独做出可检验的预测。科学假说要做出预测,必须有辅助假设,如背景知识、有关仪器和测量的假说,等等。如果后来的观察和实验得出了和预测不一致的结果,人们也许会认为假说有问题,但是迪昂认为,由于为了做出预测,添加了那么多假设,要搞清楚究竟问题出在哪里并不那么简单。只要对那些假设做出适当的调整,假说或理论就能很好地和观察或实验数据一致。他认为,在证实一种物理假说或物理理论时,如果预测不成功,没有达到预言的效果,并不足以证明假说是错的。因为物理理论是整体的,包括许多辅助假设。迪昂认为仅凭预测的成功或不成功这个现象,不能够充分证明一个假说的对错,因为"物理学家不能让一个孤立的假说受到实验检验,而只能让整个一系列假说受到这种检验;当实验与物理学家的预言不一致时,他知道这一系列假说中至少有一个是不可接受的,应当加以修改;但是,实验并没有指出哪一个假说应当加以改变。"(迪昂,2005:247)因此,在迪昂看来,根本不存在什么能够一劳永逸地解决科学中争论的"判决性实验"。所以,在检验假说方面,迪昂实际上提出了整体主义的观点,即我们根据实验对某个假说的证实或证伪来决定对某个假说的接受或抛弃都是证据不充分的。后来在 20 世纪中期,蒯因指出,这种证据不充分说的挑战不仅适用于所有科学理论,而且适用于所有知识。但是以前的学者没有区分不同的证据不充分说。蒯因提出了"证实整体主义"(confirmational holism)。蒯因认为,在本质上,经验(包括科学检验)不能够证实或证伪单个信念,而是把许多信念作为一个整体来检验。所以有时候人们把证据不充分说称为"迪昂-蒯因论题"(Duhem-Quine thesis)。

蒯因在他的《经验论的两个教条》一文中指出:"我们关于外在世界的陈述不是个别的而是仅仅作为一个整体来面对感觉经验的法庭的。""即使以陈述为单位,我们也已经把我们的格子画得太细了,具有经验意义的单位乃是整个科学。"(蒯因,2007:42—43)即经验无法充分证明或证伪单个陈述,因为科学是作为整体面对经验的。蒯因认为,知识或信念的整体,无论是偶然的历史事件,还是原子物理学、纯数学和逻辑中的规律,都是人工制造的东西。它们就像一个力场,场的边缘和经验接触。如果场的周边和经验发生了冲突,就要在场的内部进行调整。因此经验对整个场的限定是不充分的。在根据经验评价陈述方面具有很大的自由度,任何具体经验和任何特殊的陈述都没有联系(同上,43)。

蒯因还认为,只要在系统的其他部分做出适当的调整,任何陈述在任何情况下都可以认为是真的。这实质上也就是说,经验对陈述的确定是不充分的。即使靠近边缘的某些陈述遭遇很大的反常,只要说发生幻觉或修改逻辑规律,仍然可以说那些陈述是真的(同上)。

而且,蒯因把科学的概念系统看作根据过去经验来预测未来经验的工具。物理对象只是作为方便的中介引入的。它们只是和荷马史诗中的诸神类似的"不可简约的设定物",从认识论上看,它们和诸神只是程度上的不同而已。两者都是文化假设(cultural posits)。有关物理对象的理论也是一种神话,如果说它们在认识论上优于大多数其他神话,只是它们在经验上比其他神话更有效而已(蒯因,2007:45—46)④。

从蒯因上面的表述我们看到,蒯因不仅认为物理对象是文化假设,关于物理对象的理论是神话,而且,蒯因认为,我们不仅假设宏观的物理对象,也假设原子等微观的物理对象,其目的就是为了使有关宏观对象的经验规律更简单,更易于处理。从认识论来看,有关它们的神话和宏观物理对象、诸神的神话是一样的,只有在实际中和感觉经验打交道的方便程度的差别。所以蒯因认为全部科学,包括数理科学、自然科学和人文科学,都是被经验不充分决定的。它们在系统的边缘和

---

④ W. V. O. 蒯因. 从逻辑的观点看. 陈启伟等译. 北京:中国人民大学出版社,2007,第45—46页。这里说明蒯因持有实用主义的工具主义观点。——著者

经验保持符合,其余部分则是以规律的简单性为目标的精制的神话或虚构(同上,46—47)。

三、证据不充分说的分类

证据不充分说有不同的种类。凯尔·斯坦福认为,证据不充分说可以分为两类:一类是整体主义的证据不充分说;一类是对比的证据不充分说。前者认为我们不能孤立地检验科学假说。当遇到失败的预测或其他不利的证据时我们处于证据不充分的地位,因为假说只有和其他假说或关于世界的背景信念结合在一起,才能有经验的含义或后果。一个失败的预测或证伪的经验后果只是给了我们抛弃某个背景信念或辅助假说,而不是抛弃开始要检验的假说的可能性。这种理论的代表主要有迪昂和蒯因。后一类证据不充分说之所以称为对比的证据不充分说,是因为它质疑证据证实某个假说或者说从众多假说中选择某一个的能力,即现有的证据可能支持多种理论,它包括在证实某个理论时许多证据的多种不同的可能性。同样的证据可能证实其他的理论,即我们现有的所有证据在经验上可以证实许多理论或假说。当我们选择相信某个理论则会面临证据不充分问题。在凯尔·斯坦福看来,后一类对比的证据不充分说实际上也可以追溯到迪昂那里。在迪昂有关"判决性实验"的讨论中,他指出,即使我们在寻找理论物理中的真理时,能够暂时解决整体主义的证据不充分的问题,但还是会遇到对比的证据不充分的问题。如果我们能够根据严格的逻辑宣告两个理论体系中某个不适用时,我们并不能把那个保留下来的宣布为已经得到证明的真理,因为在两个矛盾的理论选择中并不是非此即彼的,可能会有第三种选择。如在光是粒子还是波的两个假说之外,还有麦克斯韦的光是在电介质中传播的电磁振荡的学说。因此,"实验矛盾没有力量把一个物理假说转变成一个无可辩驳的真理;为了赋予它这种力量,人们就必须完全列举可能覆盖一系列确定现象的各种假说;但是物理学家决不会肯定他已完全列举了所有可以设想的假设。物理理论的真理性不是像掷钱币那样由正面或反面来决定。"(迪昂,2005:251)

和凯尔·斯坦福不同,安简·查克诺瓦提认为,证据不充分说可以分为这样两类:一类是在实践上的,一类是在原则上的。第一类指的是目前的证据尚不足以支持人们选择某一假说或理论,但是可以预期未来的实验或观察可以解决这一问题。因此科学实在论者一般都持有"等着瞧"的态度,虽然获得证据的可能性并不大。第二类是大多数反科学实在论者所持有的观点:即每一科学理论都有许多经验上等价的竞争对手(Chakravartty, 2011)。

劳丹则把证据不充分说分为和上述完全不同的两类,认为两者有着不小的区别。它们有不同的假设、不同的论证。第一类是演绎型或休谟证据不充分说(Humean underdetermination,

简称为 HUD),其基本主张是:"对于任何有限的证据,可以有无限多的相互矛盾的理论。它们在逻辑上都包含证据。"(Laudan,1996:31)这种观点认为,确定后果的谬误是演绎的谬误;假说的方法是不符合逻辑的;成功地"拯救现象"也不能确保信念的可靠。劳丹认为,这类证据不充分论有两个弱点:(i)它们只关注科学推理中演绎逻辑的作用,完全忽视了扩展的逻辑(ampliative logic)对理论选择的不充分性;(ii)它没有肯定"所有理论和所有证据融洽",只是说"无限多的理论"。休谟式证据不充分说也有它的重要作用,它指明理论不能够"从证据中演绎出来",无论证据多么广泛,演绎逻辑不足以确定任何理论是真的(同上,31—32)。第二类为蒯因式证据不充分说(Quinean underdetermination,简称为 QUD)。劳丹指出,蒯因同意 HUD,但是进一步弥补了 HUD 在扩展的证据不充分问题上的不足。蒯因提出了与此相关的两个主题。一个称为"无独特性主题"(the nonuniqueness thesis)。它认为:对于任何理论 T 和任何支持 T 的证据组,至少有一个 T 的竞争者(或者和 T 相反)和 T 一样得到这些证据的支持。蒯因还赞同一种更强的"平等主义主题"(the egalitarian thesis)。这种观点认为:每一个理论都和其任何对手一样得到证据的支持。劳丹认为,蒯因的整体主义就属于这一种。蒯因的两种主题不同于 HUD 之处在于后者只限于演绎的证据不充分性,前者则关心扩展的证据不充分性(同上,33)。因此 QUD

可以表述为："只要在我们关于自然的假设中做适当调整,任何理论都可以和任何不利证据达成一致。"(同上,36)也就是说,即使不利的证据也不能充分地反驳一个理论,即不利证据对一个理论的证伪是不充分的。

四、证据不充分说对科学实在论的威胁

从以上论述可以看出,证据不充分说构成了对科学实在论的威胁。如果科学理论只能得到科学证据的不充分论证,那么怎么可以相信某个科学理论是真的? 科学家们提出了许多关于不可观察的理论实体(如原子、电子、夸克)的理论,来解释观察到的现象。按照反实在论者的证据不充分说,就可以说在相同的数据上也可提出许多其他替代的理论和假设,它们都一样得到证据的支持。如果反实在论是对的,那么科学家说某个理论是真的或者正确的就是不可靠的。科学家在众多理论中选择某种理论也是没有充分理由的。这样的话,科学家必须承认,他不知道哪个理论是真的。证据不充分说最终导致反实在论的结论,从而走向不可知论(Okasha,2002:71–72)。

第四节　对最佳解释推理和近似真理的怀疑

一、对最佳解释推理的怀疑

为了回应证据不充分说强调的经验数据无法为理论选择

提供支持,科学实在论者提出了有助于做出选择的其他考虑,其中最突出的是解释考虑。他们提出,即使任何理论都有经验上等价的竞争对手,但是各个理论的解释力不同。某个理论在解释上的优越性可以成为选择某理论的理由。按照科学实在论的观点,认为科学理论是真的,就是对证据最好的解释。因此从那理论对证据提供了最佳解释来看,我们可以推理出那理论是真的或者近似为真的。这就是科学实在论的最佳解释推理论证(参看本书第二章)。

安简·查克诺瓦提认为,从某一假说或理论是最佳解释的基础上推论出其为真或近似为真的科学实在论立场有两个困难。第一个是关于这基础本身。为了判断一个假说或理论提供了比其他假说或理论对某些现象的更好解释,必须有判断的标准。科学哲学家们提出过许多标准,如简单性、一致性或融贯性、范围和统一,等等。简单性主要是看其数学描述、涉及实体的数量、特性和关系是简单还是复杂。一致性或融贯性指的是(i)理论内部一致融贯,没有逻辑矛盾;(ii)和其他理论特别是经过检验的理论、背景知识没有矛盾。范围和统一指的是和所解释的现象的范围是否一致。对这些标准的挑战之一就是如何精确地定义它们,从而可以根据这些标准,把相互竞争的假说或理论根据其相对的解释力进行排序。对这些标准的另一个挑战就是它们有许多含义,如简单性就有数学简单性和本体论简单性。对这些标准的第三个挑战是符合这些标准的特点可能并不完全为某个假说或理论所有,可能会出现这样的情况:在竞争的假说或理论中,有的符合这个标准,有的符合那个标准。根据不同的标准,得出不同的评价,这样就无法确定它们的解释力,从而无法确实它们的优劣和真假。最后一个挑战是,符合这些标准的特点如果说不是实用主义的,那应该看成是证据的,还是认识论的? 有什么理由说简单性是一个理论的真的标志? 因此根据这些标准对假说或理论进行可能为真的排序就是有问题的(Chakravartty,2011)。

最佳解释推理面临的第二个困难是对其进行相对解释力排序的理论范围问题。即使科学家可以对理论的可能为真程度进行排序,但并不足以相信某一理论就是真的,因为这要求真的理论碰巧在考虑范围里,否则就会出现如范·弗拉森所说的"最好的坏蛋"(the best of a bad lot)。众所周知,即使许多科学实在论者也承认,我们的许多最佳理论大部分是错的,这对科学实在论提出了很大的挑战。也许,前面提到的科学实在论者的选择性策略在此也能用上,说一个理论接近为真并不一定它就是真的。范·弗拉森的"最好的坏蛋"也许可以用来描述世界的不可观察部分,从而导致解释主义、实体实在论和结构实在论(同上)。

二、对近似真理的怀疑

科学实在论者认为,科学理论,特别是在经验上取得了成功的科学理论是真的或者至少是近似为真的。这就是所谓的科学理论的似真性或逼真性（verisimilitude），或者说科学理论是近似真理。科学实在论使用近似真理有几个原因。在科学研究中，科学家们大量地运用抽象（把科学家认为是重要的或本质的因素纳入考虑，舍弃某些被认为是不重要的或非本质的因素）和理想化（改变了某些因素的性质）方法。这意味着我们的科学理论，在严格意义上说，可能是不正确的。但是科学实在论者认为，虽然科学理论是可错的，但这并不妨碍科学的任务就是探求真理；随着科学的进步，科学理论逐渐减少错误，愈来愈接近真理（波普尔，1986：328—330）。劳丹把这种近似真理观点和解释成功联系在一起分析，在总体上把它们归纳为：

（T1）如果一种理论是近似为真，那么它将是在解释上成功的。

（T2）如果一种理论在解释上是成功的，那么它大概是近似为真的。

劳丹认为，实际上所有认识论实在论者都相信，如果一种理论近似为真，那么它就能相对成功地做出预测并对可观察现象进行很好的解释。然而，很少有人说清楚"一个陈述或一种理论'近似为真'"是什么意思。所以不可能说所谓的蕴涵就是真的。根据对一种理论近似为真的最著名的解释，也无法说近似为真的理论在解释上会是成功的(Laudan,1984：228‐229)。

劳丹指出,根据波普尔的观点,如果一种理论 T_1 的真的内容大于其假的内容,我们就说该理论近似为真,即

$$Ct_T(T_1) \gg Ct_F(T_1),$$

其中 $Ct_T(T_1)$ 是 T_1 蕴涵的真的语句的集合的基数性(cardinality),而 $Ct_F(T_1)$ 是 T_1 蕴涵的错的语句的集合的基数性。如果近似为真是这样解释的话,那么就不能从逻辑上得出结论说,任意选择的一组理论的蕴涵(即其某些可观察的结果)是真的。完全可以设想,一种在所说的意义上可能近似为真的理论,其所有迄今为止得到检验的结果都是错的(同上,229)。

某些实在论者承认近似真理或逼真性的概念不够清晰,但是认为这种失败并不危害 T_1 的可靠性。例如,牛顿‐史密斯就承认,没有人给出过对逼真性的满意的分析。但是他又认为,即使没有人在哲学上对其给出满意的分析,这个概念也能合理地借用。他提出,许多科学概念,在人们给出其融贯的哲学分析前,就已经在解释上很有用。但是劳丹认为,这种类比是不恰当的。受到挑战的,不是近似真理的概念在哲学上是否有力,而是它是否清晰得足以为我们肯定它是否蕴涵据说它所解释的东西。在有人对近似为真提供了比现有的清晰得多的分析之前,并不能清楚地说似真性就解释了科学的成

功。更不要说像牛顿-史密斯所主张的,为了对科学事业的某个方面给出满意的理论解释,逼真性是必需的。为了不把科学成功说成"奇迹"或者说成"神话",就必须把近似为真的理论说成为成功的理论。劳丹指出,实在论者迄今为止没有提出一个融贯的近似真理的概念,使得近似为真的理论在我们能够检验的范围内,做出成功的预测。而且,近似真理的概念还有很多困难。即使实在论者的近似真理或部分真理在语义学上是充分的,即使语义学表明近似为真的理论的大多数结果可能为真,但他们仍然没有一个标准,以使得在认识论上保证一种理论是近似为真的。实际上,实在论者长期依赖于直觉,在有关近似真理方面缺乏语义学的和认识论的充分理由(Laudan,1984:229-230)。

第五节　悲观归纳说

有的科学哲学家看到科学史中许多科学理论被后来的发现所推翻,从而认为我们现在拥有的科学理论也可能被以后的科学研究所推翻,于是提出了对科学实在论构成巨大威胁的悲观归纳说(pessimistic induction)或悲观元归纳说(pessimistic meta-induction)。

一、来自科学史的归纳

安简·查克诺瓦提指出,对证据不充分和最佳解释推理的担忧在性质上通常是概念的,而悲观归纳说或悲观元归纳说(因为它涉及产生科学理论和定律的最基本的归纳推理)则是以经验前提为基础的。如果考察任何一个领域的科学史,就会看到,随着科学知识的发展,旧的理论不断地被推翻,为新的理论所取代。根据现在的观点,过去大多数理论都是错的。因此,通过枚举归纳(即根据那些案例概括),从未来的视角来看,理论在某个时间迟早会被取代,会被认为是错的。所以,现在的理论也是错的。悲观归纳说源远流长。彭加勒在《科学与假设》(*Lascience et I'Hypothese*)中也提到,有些外行人看到了科学理论的短暂性质,看到它们一个接一个地被抛弃,从而得出了"科学破产"的结论(彭加勒,2006:131)。普特南看到不可观察实体的术语的指称困难,得出了运用那些术语的理论不一定是真的结论(Chakravartty, 2011)。

悲观归纳说有许多形式,其最基本的形式是:命题 P 为当代大多数专家广泛接受,命题 P 就像许多过去为专家接受但现在被专家否定的许多假说,因此我们有充分的理由认为命题 P 以后也可能会被否定。虽然我们现在不能否定它,但至少我们不能那么肯定它,像科学实在论那样把它说成接近真理(Ladyman, 2014)。

当代的讨论通常集中在劳丹提出的问题上。他提出在科学史中有大量的例子,有许多在经验上成功的科学理论后来都被抛弃了。因此,从后面的视角看,由于它们的不可观察的术语没有指称，所以无所谓真或接近为真。如果用科学本体论来说，根据后来的观点，以前的理论在本体论上是错的。对于这种悲观归纳的回应有两种回应形式。第一种是承认理论是可错的，但不能否认其中有真的成分。一般而言，成熟的非特设的科学理论，特别是成功地做出了新的预测的理论，其中真的成分更多。第二种就是有选择的怀疑论。尽管大多数科学理论后来被证明是错的，但还是有不少对的理论或者那些理论的某些部分是对的，它们有真的成分。两种回应形式实质上都要限制导致悲观归纳的基础。例如，指出实在论只考虑很成熟的理论，从而没有指称的、不可观察的或不能说近似为真的术语大大减少。科学史虽然提供了大量的指称的不连续的记录，也有不少连续性的记录，它们为科学实在论提供了证据（Chakravartty，2011）。

二、悲观归纳的基率错误

科学实在论者对悲观归纳说进行了反驳。安简指出，有人说科学实在论的无奇迹论证犯了基率错误（the base rate fallacy）的推理错误，实际上悲观归纳说自身也犯了同样的错误。虽然过去的科学理论在指称上失败了或者没有近似为真，但不能就此推论说现在的最佳理论没有指称不可观察的实体或者没有近似为真，除非批评者知道所有科学理论中的指称失败或没有近似为真的基率。由于无法独立地知道这一点,所以悲观归纳说是错的。同样,也可以用或然性来说明,悲观归纳说的根本错误是割断了科学理论在经验上的成功和指称成功或近似为真的联系。如果反实在论者能够在科学史中找到几个例子,证明虽然某些科学理论所说的不可观察实体并不存在或者说不可观察的术语没有指称,或者证明没有科学实在论所说的近似为真也可以在经验上取得成功,那么就不能说只有科学实在论才能解释科学的成功(Chakravartty,2011)。

综上所述,科学实在论遭遇到了形形色色的反实在论的挑战和反驳,其中有的非常有力,迫使科学实在论不得不做出回应,并修正自己的观点和论证。

第四章

形形色色的反科学实在论

如前所述,科学实在论从其诞生之日起,就受到了反实在论的严峻挑战。反实在论包括许多不同的立场和观点,它们分别在不同的维度上反对科学实在论。在形而上学维度上,反实在论者反对说独立于心灵的世界的存在;在语义学维度上,反实在论者要求从字面意义解释理论,无所谓真假;在认识论维度上,反实在论者否认理论提供了对不可观察实体的真实描述。在科学实在论的发展过程中,最大的反实在论思潮就是形形色色的强调经验是知识的唯一来源的经验主义。在 20 世纪上半叶,经验主义主要表现为工具主义,其中包括现象主义、约定论、实用主义和操作主义。有关工具主义、相对主义,上一章中已有论述。本章着重介绍逻辑经验主义、建构经验论、历史主义、社会建构论、女性主义科学观和法因的自然本体论。

第一节　逻辑经验主义

逻辑经验主义在20世纪初发源于奥地利、捷克、波兰、德国等地，后来流行于欧美许多国家，是一种持续了几十年的哲学思潮或哲学运动。这个运动的参与者多为数学家和物理学家，其目标为反对传统哲学，用科学改造哲学，创造出新的哲学——科学的哲学（scientific philosophy）。由于参与者观点差异，逻辑经验主义没有统一的哲学体系。然而参与者都强调经验主义和逻辑，主张用经验主义和逻辑来重建哲学。在20世纪30年代前，参与者强调孔德（August Comte）和马赫（Ernst Mach）的实证主义传统，强调实证传统和逻辑传统的结合，被称为逻辑实证主义；30年代后，他们逐渐放弃了实证主义传统，转向了休谟和穆勒（John Stuart Mill）的经验主义传统，被称为逻辑经验主义（洪谦，1989：1）。逻辑经验主义包括以石里克（Moritz Schlick）为首的维也纳学派、以赖欣巴哈为核心的柏林学派和以塔斯基著称的波兰学派。第二次世界大战期间，许多著名的逻辑经验主义者移居美国后在美国形成新的研究热潮。逻辑经验主义并没有直接对科学实在论进行批判，然而其主要观点中有不少构成了对科学实在论强有力的挑战。逻辑经验主义对科学实在论构成威胁的主要观点如下。

一、意义理论和拒斥形而上学

逻辑经验主义认为,哲学的任务就是确定或发现命题的意义。石里克认为,以往哲学争论不休,就在于哲学家没有搞清楚哲学的任务,试图和科学一样提出命题。其实,哲学和科学有着不同的任务。"哲学使命题得到澄清,科学使命题得到证实。科学研究的是命题的真理性,哲学研究的是命题的真正意义。"(同上,9)哲学不是科学,不能替代科学。逻辑经验主义认为,一个命题如果不能逻辑地推出和经验相关的命题,它就是没有意义的。因此哲学的任务首先是澄清命题的意义,区别有意义的命题和无意义的命题。一个命题,如能够推导出和经验相关的命题就是有意义的,而推导不出和经验相关的命题就是无意义的。形而上学命题无法还原到经验命题,所以是没有意义的。卡尔纳普(Rudolf Carnap)在他的《通过语言的逻辑分析清除形而上学》一文中提出,借助逻辑分析,可以澄清经验科学中的概念、概念之间的联系,也可以得出结论:形而上学领域的全部断言都是无意义的,因此要彻底清除形而上学。卡尔纳普还分析道:形而上学的词汇,如"本质"、"神"、"理念"、"绝对"、"无条件"、"无限"、"有的有(being)"、"非无"、"物自体"、"绝对精神"、"客观精神"、"自在的有"、"自在自为的有"、"自我"、"非我",等等,都是没有意义的。而且形而上学的陈述是假陈述,貌似陈述但不是真正的陈述,所以形而上学陈述也是没有意义的。形而上学整个是由假陈述组成的,所以在逻辑经验主义者看来,形而上学是没有意义的(洪谦,1989:13—21)。

二、分析知识和综合知识的区分

逻辑经验主义继承了休谟把知识区分为分析的知识和综合的知识的传统。他们把命题分为两类。第一类是分析命题,如数学、几何和逻辑,真的是重言式命题,假的是矛盾的命题。这类命题的真值根源于定义和逻辑,不是建立在经验上的,其真假不能根据经验来检验,只能通过逻辑分析。分析命题本身并不能为人们增长知识。它们和实在世界没有关系。第二类是综合命题。综合命题是描述事实的经验命题,只能通过经验来检验其真假。综合命题的意义在于其证实的方法。证实也就是找到命题和观察语句之间的联系。形而上学命题,既不能根据逻辑也不能根据经验辨明真假,因此是没有意义的。

因此卡尔纳普说,有意义的陈述可以分为三类。第一类为逻辑和数学的陈述。关于实在,它们什么也没有说。它们本身不是关于事实的陈述。它们的真来源于形式,本身是陈述的变换形式。第二类是这些陈述的否定(矛盾)。它们自相矛盾,其自身的形式就是假的。第三类是经验陈述,其对真假的判定根据记录句子(后来称为观察语句),属于经验科学范围。不属于这三类范畴的任何陈述都是无意义的。形而上学陈述既不是分析命题,也不属于经验科学范围。它们运用无意义的词或者用无意义的方式把有意义的词组合起来,既不是分析的(或矛盾的)陈述,也不是经验陈述,所以是无意义的假陈述(同上,31)。

三、证实主义

逻辑经验主义认为,分析命题不能断言实在世界,不能为我们带来关于实在世界的知识,因为知识的唯一来源是经验。只有来源于经验的观察语句的综合命题,才能够给我们带来有关实在世界的知识。而且综合命题是可以得到经验检验的。只有经过经验证实的综合命题才是真的命题。只有能够通过经验检验的命题才是有意义的。所以逻辑经验主义提倡证实主义(verificationism)。不过由于证实标准和理论遇到的困难,他们不断地修正自己的证实观点。

(1)石里克的"可证实性原则"。逻辑经验主义认为,科学的理论或科学的命题必须是能够被证实的,不能被证实的都不是科学。例如,石里克认为,自然科学的任务就是要获得一切自然事件和自然过程的真实的知识。自然知识和自然规律在语言上表述为命题,科学就是要揭示这些命题的真实性,要坚持不懈地使这些命题的真实性得到检验,哲学的任务是要阐明命题的意义(石里克,2007:5—6)。而"一个命题的意义,就是证实它的方法。"(洪谦,1989:39)这就是科学哲学中著名的"可证实性原则"(principle of verifiability)。卡尔纳普将它表述为:"当且仅当一个语句是可证实的,它才是有意义的,而它的意义即是它的证实方法。"(同上,70)而且,这种证实必须是根据经验或者实验进行的。在逻辑经验主义者眼里,非科学如形而上学是不能被证实的,所以是没有意义的。然而,看似简单的绝对意义的证实,并不像逻辑经验主义者一开始想象的那么简单,仔细分析一下,其中有很大的问题。

众所周知,科学理论是需要证实的,即需要通过科学观察或科学实验证明其是正确的。所以科学观察和科学实验的结果都要求有可重复性,即可以为他人重复检验证实。然而,逻辑经验主义者注意到,科学规律实际上是表达规则性的陈述。从逻辑形式上看,科学定律一般是用全称命题或者说严格全称命题来表述的(卡尔纳普,2007:4),即定律涵盖的是所有对象。例如,"所有 A 都是 B"($A \in B$)或者说,"对于 x,如果 x 是 P,则 x 也是 Q"$[(x)(Px \supset Qx)]$。前者如"所有鲸鱼都是哺乳动物";后者如"所有物体,如果受热,其体积会膨胀"。在科学定律中经常隐去"所有"或"一切"这类词语,使得全称命题的特征不容易辨识。如前面的例子可以这样说,"鲸鱼是哺乳动物"、"物体受热会膨胀"。又如,"感染 H7N9 型禽流感的症状一般表现为高热(38℃以上)、咳嗽、少痰等呼吸道感染症状,可伴有头痛、肌肉酸痛和全身不适"。严格全称命题表述的定律包含所有对象,要求"毫无例外地在所有的时间和所有的地方都被观察到"(卡尔纳普,2007:4)。我们只能观察到当前所能接触到的对象,无法观察古代的和未来的对象,所以严格全称命题是无法证实的。因此逻辑经验主义者做了退步,石里克进一步区分了完全证实和可证实性。完全证实就是在逻辑上或已经在经验上做出明确无误的证明。事实上,许多涉及经验事实的全称命题是不可能完全证实的。而可证实性就是证实的可能性。可证实的命题不是已经得到证实的命题,而是具有被证实的可能性的命题。因此,只有可证实的命题才是有意义的。可证实不是已经或者马上就可证实,而是具有可证实性。有些全称命题虽然现在不能马上证实,但具有可证实性,因而仍然是有意义的(洪谦,1989:43)。而且,石里克指出可证实性分为"逻辑的可能性"和"经验的可能性"。前者是逻辑上没有矛盾,即描述事实或过程的句子符合我们的语法规则;后者则是同自然规律没有矛盾。因此,石里克认为可证实性是区分科学和形而上学的标准,也就是区别科学和非科学、科学和伪科学的标准,前者是可证实的,后者是不可证实的,因而后者是没有意义的。所以,哲学家的任务是根据命题有没有可证实性来判断命题有没有意义,而科学家的任务是根据命题是否与经验事实相符来判断命题是真的还是假的。

(2)卡尔纳普的"可检验性原则"和"可确证性原则"。卡尔纳普起初赞同石里克的"可证实性原则",后来他觉得这个原则过于简单化,不仅排除了形而上学,也排除了某些有事实意义的科学语句。在他看来,如果证实意味着证明科学命题决定性地最终确定为真,那么"从来没有任何(综合)语句是可证实的"(同上,69—70)。正如前面提到的,严格的全称命题是无法证实的。这样,根据这个标准,就把全称命题排除出去了。而科学定律大部分是全称命题。坚持把可证实性作为科学和非科学的划界标准,其结果就会把许多科学定律排除到科学之外。因为在卡尔纳普看来,科学规律涉及的事例是无穷的,我们不能用永远有限的观察来证实它。因此,为了使标准更加合理,他提出了"可检验性原则"(principle of testability)。后来,卡尔纳普认为可检验性还可能太强,从而进一步把"可检验性原则"弱化为"可确证性原则"(principle of verifiability)。他认为,"我们只能越来越确实地验证一个语句",即"确证"(verify)一个语句,而不是证实一个语句。我们必须把对一个语句的检验(test)和对它的确证(verification)区分开来。如果我们知道一种检验某一语句的方法,我们就说这一语句是可检验的;如果我们知道某一语句在一定条件下得到了确证,那它就是可确证的。可确证的不一定是可检验的(同上,69—70)。我们不能证实科学规律,但是我们可能通过单个例子来检验它,如果肯定的例子越来越多,而且没有发现否定的例子,那么我们对这个规律的信心就得到加强,说明这个规律越来越得到确证(同上,74—75)。因此,在卡尔纳普看来,区分科学语句和形而上学语句、非科学语句的标准是前者是可检验的,可确证的。而且,卡尔纳普提出,确证一个句子的方法就是归纳方法,因此科学是可用归纳方法来确证的。即一个语句属于经验科学,当且仅当它可以用归纳方法加以确证(波普尔,1986:400)。

(3) 艾耶尔(Alfred Jules Ayer)和亨普尔(Carl G. Hempel)对检验标准的修正。艾耶尔是维也纳学派早期成员之一,早在20世纪30年代,他在著作《语言、真理与逻辑》(*Language，Truth and Logic*)一书中,就对可证实性进行了进一步的探讨。首先,他批判了石里克提出的"可证实性原则"。他指出,(i)必须在实践的可证实性和原则的可证实性之间做出区分。前者是在实践中可以证实的,后者是暂时缺乏实际方法去证实的,如月亮的背面的山脉,在20世纪30年代是实际上无法观察到的。但是我们知道如果有条件可以去观察它,因而是在原则上可以证实的。(ii)必须区分强的"可证实性"和弱的"可证实性"。如果一个命题的真实性确实可以在经验中得到证实,那么这个命题就具有强的"可证实性"。如果对它的证实具有或然性,那它只具有弱的"可证实性"。如果我们采取强的"可证实性"作为意义标准的话(如石里克),那么一些科学规律的普遍命题,如"物体加热时会膨胀"就会如形而上学那样从科学中被排除出去。因为这样的普遍命题的真实性是不可能由任何有限的观察来证实的,甚至不能在原则上加以证实。证实的困难不仅涉及普遍命题,还涉及有关遥远过去的历史性命题。后者的真实性只能是或然的。所以如果采取强的"可证实性原则"作为科学划界标准,其结果是:"完全不可能作出一个有意义的关于事实的陈述。"(艾耶尔,1981:34—36)

其次,艾耶尔也批判了波普尔的"可证伪性标准"。波普尔认为有限的观察永远不足以证实一个假设的真实性。但一个单独的观察或一系列观察却可以否定一个假设。在艾耶尔看来,这种说法是错误的。一个假设既不能确定地证实,也不能确定地否定。因为,把某些观察作为证据证明某假设是错的时,其实就预设了某些条件。因为"在断言某些有关情况不是我们所认为的那样时,不一定就有自相矛盾之处,因此,那个假设并没有真正被否定。如果实际情况是,并不是任何一个假设都可能被确定地否定,我们就不能主张,一个命题的真伪取决于它是否可能被确实地否定。"(同上,37)

因此,艾耶尔在弱的"可证实性"的基础上提出了自己的检验标准。他提出对于一个陈述,我们问:"会有任何观察与它的真或假的决定相关的吗?"如果回答是否定的,那这个陈述就是没有意义的。用另一方式表述:即一个真的事实命题并不是应当等价于一个或多个经验命题(记录一个现实的或可能观察的命题),而是一些经验命题可能从这个事实命题与某些其他前提之合取中演绎出来,而不是单独从那些前提中演绎出来(同上,38)。在 1946 年《语言、真理与逻辑》再版时,艾耶尔觉得这种陈述过于简化,因此他在导言中把这个标准重新加以表述。由于人们对命题的表述有不同的看法,艾耶尔提出用"观察陈述"替换"经验命题",来指称"记录现实的或可能的观察"陈述,从而可证实性原则可重新表述为:"如果某一观察陈述可能从这个陈述与某些其他前提之合取中推演出来,而不是从这些其他的前提单独推演出来,那么,这个陈述是可证实的,从而是有意义的。"(同上,8—9)

亨普尔在 20 世纪 60 年代探讨了早期的可检验性意义标准及其缺点。他指出,现代经验主义的基本原则是:一个句子在认识上有意义或者说它是真的或假的,当且仅当:(ⅰ)它是分析的或矛盾的(具有纯逻辑意义),或者(ⅱ)它是可能用经验证据来检验的(具有经验意义)。而判断是否具有经验意义就必须有可检验性标准。以往经验主义提出意义判据在一般意义上是合理的,但在用法上过于简单化。这种笼统的观念不可能"(a)在有纯逻辑意义的陈述与有经验意义的陈述之间,(b)在确有认识意义的句子与确无此种意义的句子之间,划定截然分明的界线。"(洪谦,1989:102—103)而且,在亨普尔看来,要对一个句子做出经验的判断,就要求能够判断它和潜在的可直接观察的现象一致或不一致。描述这种潜在的可观察现象的句子就是观察句。观察句描述特定对象的可观察特征,即在有利条件下可通过直接观察某个句子有没有所说的特征。因此,建立经验意义的标准的工作就转换成准确刻画一个假说和观察句之间的关系的事情。某个句子进入这种关系的能力体现了它在原则上的可检验性,即体现了它的经验意义(洪谦,1989:104)。然而他通过分析,证明用"可完全证实性"和"可完全证伪性"来解释可检验性都是不恰当的。因为它们一方面过于狭隘,另一方面又过于宽泛(同上,108)。

而且亨普尔认为,艾耶尔的修正标准也可像完全证伪性要求的那样,让任何合取句 $S \cdot N$ 取得经验意义(S 为符合艾耶尔标准的句子,N 为不符合艾耶尔标准的即无意义的句子,如"绝对是尽善尽美的"之类的句子)。凡是借助辅助假说能从 S 演绎出来的结论,也能从 $S \cdot N$ 中演绎出来。因此,根据艾耶尔的新标准,如说 S 有经验意义,那么 $S \cdot N$ 也有经验意义(同上,109)。

亨普尔认为,以往的检验标准,总是通过规定一个有意义的句子与适当的观察句之间必须发生某些逻辑联系来解释经验意义。这种方法对于准确判断意义帮助不大。

科学的假说或理论至少要"在原则上"经得起客观的经验的检验,也就是说,必须可能从理论中导出检验函项,但是这种检验在现有条件下还不一定能够完成。不能导出检验函项的假说或理论,不能得到经验的检验,就是非科学或者是伪科学。然而,科学假说必须和适当的辅助假说相结合才能产生检验函项。因此,不可能在原则上可检验的科学假说或科学理论和在原则上不可检验的假说或理论之间,划出一种明确的界线(亨普尔,2006:45—48)。

因此,亨普尔指出,认识的意义只能赋予形成一个理论系统的句子,或者说赋予整个系统。系统中的认识意义只是程度问题。不能把理论系统分为有意义系统和无意义系统两类,而是要参照一些特征来比较不同的理论系统,如:(i)理论的表述上、理论要素之间以及用观察词项说出来的表达式之间的逻辑关系上的清晰性和准确性;(ii)系统在可观察现象方面的解释力和预测力;(iii)理论系统在形式上的简单性;(iv)理论被经验证据证实的程度(洪谦,1989:121—122)。

综上所述,亨普尔在可检验标准方面已经走向了整体主义和多元化的标准。

(4)对科学实在论的威胁。逻辑经验主义没有专门讨论科学实在论问题,但是明眼人不难看出,其主要思想对科学实在论构成了很大的威胁。主要表现为如下几个方面:

第一,根据逻辑经验主义的意义理论,拒斥形而上学,反对任何超越经验的知识。卡尔纳普认为,通过逻辑分析,不仅形而上学没有意义,而且所有自称超越经验的知识都是无意义的。这不仅打击了一切认为通过思维或纯直观就可得到知识的思辨的形而上学,而且打击了从经验出发推断出超越经验的认识的形而上学(同上,31—32)。"最后,这种宣告'无意义'的判决也打击了那些通常不恰当地称为认识论运动的形而上学运动,那就是实在论(因为它超出经验事实,声称事件的相继就表明有某种规律性而使应用归纳法成为可能)和它的对手:主观唯心主义、唯我主义、现象主义和(早期意义的)实证主义。"(同上,32)

因此,根据上述观点,科学实在论承认理论实体(不可观察实体)的存在是超越了有关观察到的现象的经验事实的,因而是无意义的。

第二,根据逻辑经验主义的分析命题和综合命题的区分,科学实在论对成功的科学理论是真理或者是近似真理和科学理论中的理论实体的存在的断言,应该属于综合命题范围。综合命题的意义在于能够还原到观察语句,从而接受经验的检验。但科学实在论的上述两个代表性观点无法还原到观察语句,因而无法得到经验检验,因此在逻辑经验主义看来是无意义的。

第三,根据逻辑经验主义的证实主义精神,经验命题的意义在于其可被经验证实、检验、确证,科学实在论的主张既不能被经验直接证实,也不能被经验检验或确证。所以在逻辑经验主义看来它是无意义的。因此,卡尔纳普总结道:"一个陈述的意义就在于它的证实方法。一个陈述所断言的只是它的可以证实的那么多。因此,一个句子如果真的用来断言一些什么的话,就只能断言一个经验命题。如果一样东西在原

则上越出了可能经验的范围,这样东西就是不可言说、不可思议、也不能提问的。"(洪谦,1989:31)

第二节　建构经验论

安简·查克诺瓦提指出,范·弗拉森通过采纳实在论语义学,重新提出了科学语境的经验主义,避免了逻辑经验主义面临的许多挑战,从而提出他所说的建构经验论,重新复活了反科学实在论。建构经验论认为,科学的目的不是追求真理,而是追求"经验的适当性"(Chakravartty, 2011)。范·弗拉森认为:"科学活动是建构,而不是发现:是建构符合现象的模型,而不是发现不可观察物的真理。"(范·弗拉森,2002:6—7)所以,他提出,科学的目的就是要给予我们"经验上适当的"理论,接受一个理论就是相信其在经验上是适当的。而"经验的适当性"则是指一个理论所说的有关世界的可观察事物和事件是真的,即它"拯救了现象"。更为准确地说,这理论至少有一个模型,所有现象都能纳入其中。这所有现象包括过去、现在和将来观察到的现象(van Fraassen,1980:12)。

建构经验论不同于传统的工具主义和逻辑经验主义,它在可观察现象方面采纳了科学实在论的立场,只是在认识论方面采取了反实在论的立场。它只相信我们最佳理论描述了可观察现象,而对不可观察的方面采取了不可知论的立场。建构经验论认为,我们应该把我们的信念限制在可观察的领域内,对于不可观察领域可以说它为真或为假,但并不相信真的如此。所以有人把建构经验论说成是某种形式的工具主义。也有人认为建构经验论接近于虚构主义(fictionalism),它谈论我们世界本身及其各种表现,就好像我们的科学理论是真的(Chakravartty,2011)。

蒙顿(Bradley Monton)和莫勒(Chad Mohler)详细分析了建构经验论的主要观念以及和科学实在论、逻辑经验主义对立的地方。

一、和科学实在论的对立

科学实在论认为,科学理论是对世界的真实的至少是近似为真的描述。接受一个科学理论就意味着相信它是真的。而建构经验论认为,科学仅致力于世界可观察部分的真理,不涉及不可观察部分的真理问题。接受一个科学理论并不是相信它是真的,而是相信它是"在经验上适当的"(Monton and Mohler,2014)。所以建构经验论和科学实在论的对立,主要体现在:(i)科学理论中涉及不可观察方面的部分是否是真的? (ii)科学理论中的不可观察实体(理论实体)是否是真实存在的?

二、有关本义的解释

建构经验论要求在本义上(literally)理解科学理论。

范·弗拉森没有给出"本义"的成熟解释,他只给出了"本义"的两个必要条件:(i)理论主张是可能真假的真陈述;(ii)理论的任何"本义的"解释不能改变理论声称的实体的逻辑关系。"如果一个理论说某物存在,那么本义的解释可能会详细地阐述那某物是什么,但不会去除存在的含义。"(van Fraassen,1980:11)在主张科学理论在本义上是真的方面,建构经验论实质上赞同了科学实在论,反对了约定论、逻辑经验主义和工具主义(Monton & Mohler,2014)。

三、和逻辑经验主义的差异

蒙顿和莫勒认为,建构经验论之所以重要,在于它继承了逻辑经验主义的经验主义传统,又避免了落入后者陷入的陷阱。建构经验论继承逻辑经验主义拒绝承认科学的形而上学承诺(commitment),但是抛弃了其有关意义的证实主义标准,放弃了前者要清除科学中的理论承载(theory-laden)的努力。在范·弗拉森之前,曾经有哲学家认为反科学实在论已经死了,因为逻辑经验主义已经死了。但是范·弗拉森表明,经验主义和反科学实在论可以重新复活,并不需要步逻辑经验主义的后尘(同上)。

四、科学的目的

蒙顿和莫勒认为,建构经验论认为,在认识论上,对于科学理论中提出的有关不可观察的东西的主张,我们要持不可知论的立场。这种解释并不十分完善。建构经验论可以解读为有关科学的目的的学说,而不是有关个别人应该相信什么样的学说。范·弗拉森后来对此做了解释,他提出要区分两种概念:科学的不可知论和科学的可知论。前者相信他所接受的科学理论的经验适当性,但不相信它是真的或假的;后者相信他所接受的科学理论是真的。蒙顿和莫勒认为,根据这个区别,在科学实在论与建构经验论的二分法和科学可知论与科学不可知论二分法之间有某种联系。范·弗拉森后来这样解释:科学实在论者认为科学可知论者正确理解了科学的特点,而科学不可知论者则没有;建构经验论者认为,科学可知论者也不一定正确地理解了科学,但是它采纳的信念超越了科学探索本身及其要求。建构经验论者把科学的目的和个别科学家的或许多科学家的目的区别开来。科学的目的决定了人们如何评价科学事业的成功,把什么看成为科学的成功。因为建构经验论认为科学的目的不同于大多数科学家的目的,所以范·弗拉森指出,建构经验论并不是对科学主题所面对的证实或否证的社会学研究,而是对科学的哲学描述。它力求解释经验主义者如何能够使科学活动和他们的理性活动标准相一致,它本身受到它所要解释的科学的"文本"的限制(同上)。

五、经验适当性

在范·弗拉森看来,说一科学理论具有经验适当性,其意思是说,如果某个理论所说的有关世界的事情或事件是真的,或者说"拯救了现象",那么该理论就具有经验适当性(范·弗拉森,2002:16)。后来范·弗拉森对此有了进一步的修正。要了解新的解释,先要区分有着科学理论的句法观点和语义观点,后者是范·弗拉森喜爱的。根据句法观点,理论是用特殊语言表达的定理的列举。而根据语义观点,理论是对一组用不同语言描述的结构的规定。这些结构是决定理论为真的理论的模型。正如范·弗拉森所说:"提出一种理论,就是详细地说明一簇结构及其模型;其次是详细阐述那些模型的某些基本要素(经验上的亚结构),以作为观察现象的直接表象的修补。这些能够在实验和测量报告中加以描述的结构,我们称之为表象;如果理论具有某种模型,以致所有现象都与此模型的经验结构同构,那么理论在经验上是适当的。"(同上,82)总之,如果可观察现象在理论所描述的结构中能够找到自己的位置,那么就说那理论具有经验适当性。"接受一个理论(对我们来说)就是相信它在经验上适当,就是相信理论对(我们)所能观察到的东西的描述是真实的。"(范·弗拉森,2002:24)由于建构经验论的理论的经验适当性针对的是可观察现象,但其言说范围超出了已经观察到的现象和将要观察到的现象,因此建构经验论的理论的经验适当性已经超出了诚实的经验主义者相信的范围(Monton & Mohler,2014)。

六、可观察性

从上可知,建构经验论的理论的经验适当性指的是把可观察现象纳入理论模型的亚结构中的可能性,因此建构经验论的理论的经验适当性取决于可观察和不可观察的区别。"可观察的"其实是个模糊的概念,我们难以在"可观察的"和"不可观察的"之间划定清晰明确的界线。但是范·弗拉森认为,只要我们有"可观察性"和"不可观察性"的明确的案例,"可观察性"在科学哲学中还是一个有用的哲学概念(同上)。范·弗拉森描述了可观察性的大致特点:如果在一定条件下,X 可以被观察。如果 X 在这些条件下向我们呈现,我们就观察到了 X(van Fraassen,1980:16)。范·弗拉森强调,这不是可观察性的定义,而是避免错误的大致指导。这里要注意的是,建构经验论的可观察性都是指的在"肉眼"(unaided)状态下的观察。范·弗拉森举例说,如通过望远镜观察木星的卫星,这卫星就是可观察的,因为如果宇航员"接近它时毫无疑问能更清晰地看到它"(范·弗拉森,2002:21),即在肉眼状态下能看到它。但在云雾室里观察到微观粒子就非如此,"这一检测是基于观察之上的,显然不是本文所谓的'被观察到'的例子"(同上,22)。而且,范·弗拉森认为,可观察性是相对于认识主体的。我们要区分"观察"和"观察到"。一个石器时代的人,即使他捡到个网球,也不知道那是什么东西,因为他没有这方面的知识。"因此,说 X 观察到网球,根本就不意味着 X 观察到了它是网球;因为需要有某种关于网球的知识才能做到这点。"(同上,20)所以对于什么是可观察的,科学是最终仲裁者(Monton & Mohler, 2014)。而且,范·弗拉森认为,可观察性和存在没有任何逻辑上的关联。"可观察"只是经验上适当,并不意味着"存在"(范·弗拉森,2002:23—25)。显然,范·弗拉森的可观察性否定了不可观察实体或理论实体的实在性。

第三节　历史主义

20 世纪 60 年代,在科学哲学中出现了历史主义的转向。它不但加速了逻辑经验主义的衰落,也构成了对科学实在论的威胁。历史主义强调从科学发展的实际情况,从科学史出发,如其所是地理解科学,反对把科学看成静态的知识积累。历史主义的主要代表有库恩、费耶阿本德、汉森和拉卡托斯。库恩的《科学革命的结构》一书,在建立有关科学知识的历史主义方面起了非常重要的开创作用。由于前一章已经讨论了历史主义带来的相对主义,本节着重介绍历史主义对科学实在论的挑战。

一、科学哲学的历史主义转向

库恩认为传统的科学观主要来源于经典著作和教科书记录的科学成就,这些记录没有反映科学发展的历史本身,从而导致了传统的科学通过知识积累而进步的观念。但是这样得来的传统的科学观是错误的,它不符合科学本身发展的事实。"从这些书中所获得的科学观根本不符合产生这些书的科学事业",而且"大大影响了我们关于科学的本质及其发展的理解"。库恩决心要"勾画一种大异其趣的科学观,它能从研究活动本身的历史记载中浮现出来。"(库恩,2003:1)库恩认为科学应该是历史的,科学观应该有"历史的定向"。科学的真实历史和我们从教科书中所接受的科学观大不相同,"科学并非是通过个别发现和发明的累积而发展的"(同上,2)。把历史引入我们对科学的认识,就能使我们传统的科学观产生决定性的转变。他从许多案例出发,把科学的发展解释为从前范式时期到常规科学时期,再经历危机时期,再到科学革命时期出现新的范式,到新的常规科学时期……这样一个动态过程。科学是历史的,离开历史反映不了真实的科学。"科学并非像旧编史学传统的著作家所讨论的那种事业。这些历史研究至少已提示出一种新科学形象的可能性。""科学史家不再追求一门旧科学对我们目前优势地位的永恒贡献,而是尽力展示出那门科学在它盛行时代的历史整体性。"(同上,3)在库恩看来,科学不是静态的知识,而是一种动态发展的历史过程。在这一点上他认为自己和波普尔是一致的。他这样写道:"费耶阿本德、汉森、赫西和库恩最近都坚持认为,传统哲学家的科学的理想形象是不恰当的。为了寻求另一种形象,他们都着力从历史中引出来。诺尔曼·坎贝尔和卡尔·波普尔(有时也受到路德维希·维特根斯坦的重大影响)的经典论述指出了以后的方向,他们至少提出了一些科学哲学再也不能无视的问题。"(同上,119—120)

二、对科学实在论的威胁

历史主义的科学观在两个方面对科学实在论构成了威胁:

(1) 否定近似真理。库恩否定了科学的知识积累模式,提出了科学发展的动态模式。库恩认为,科学革命是范式的更替。新旧范式是不可通约的(incommensurable)。因此革命前后的科学理论在某些方面是不可比较的。科学革命后,人们眼中的世界发生了变化。就如格式塔中的"鸭子"变成了"兔子"。因此,我们不能说新理论比旧理论更好,因为它们处于不同的范式中。它们对现象有不同的表征、不同的形而上学信念、不同的价值和解决问题的方法。这种观点正好和科学实在论始终认为存在一个独立于科学理论的世界、科学理论是对世界的近似为真的认识的观点相矛盾。根据库恩的范式不可通约性,即使同一概念,在不同的范式中也有不同的内涵。如"质量"这个概念,在牛顿力学和爱因斯坦相对论中就完全不同。因此,我们不能说新的科学理论比旧的更好,更不能说新的科学理论比旧的更接近真理(同上,101—122)。所以,历史主义否认科学理论中有真理,更不赞同科学实在论提出的"随着科学的发展,科学理论在不断地向真理接近"的观点。因此,历史主义对科学实在论认为的理论表征世界的观点构成了威胁。而且,库恩认为科学家眼中的对象——世界也因为范式不同而不同。这样,历史主义否定了世界独立于人的认识的实在性。

(2) 否定理论实体的存在。费耶阿本德认为,以往的科学哲学脱离科学史,用超历史的标准来研究科学,而科学是复杂的历史过程,不能用固定的逻辑范畴来把握和刻画(费耶阿本德,2007,译者的话:3)。所以费耶阿本德反对逻辑经验主义把科学哲学的任务看成对科学陈述的逻辑分析,看成对科学语句的意义分析;他反对把科学陈述分成观察命题和理论命题,提出所有的经验概念都是和理论概念相关的,从而断定科学实在论的理论实体的存在问题是站不住脚的,是荒谬的。理论实体是不存在的,"理论实体只是存在于对人们假设理论实体存在之原因的疑问中。"(费耶阿本德,2006:26)

总之,历史主义提出,在科学史中有大量的事实说明,科学理论是可错的。科学理论的提出受到许多因素的影响,其中也有许多非理性因素。如凯库勒（Friedrich August Kekulé）根据梦中的蛇咬自己的尾巴的启发，提出了苯的环状结构。所以很难说科学理论是对自然界规律的反映或把握。有时,有些科学理论后来被证明是错的,被后来的科学家完全抛弃,如燃素说、地球中心说。有的理论实体,如燃素、以太,后来被证明根本就不存在。所以从科学史实来看,科学实在论的观点是站不住脚的。

第四节　社会建构论

科学哲学中历史主义的转向及其对科学实践的强调,带来的另一个结果就是人们越来越关注知识产生的社会因素。关注专家、学者和公众的相互作用,关注政府和科学研究的相互影响,这些关注和研究导致了一门新的学科——科学知识社会学（sociology of scientific knowledge——SSK）的诞生。尽管从理论上说,科学知识社会学主要研究科学知识产生的社会因素,在实在论问题上,应该是中立的,但是科学知识社会学,特别是社会建构论（social constructivism）,对科学实在论构成了很大的威胁。从理论来源上说,社会建构论来源于科学知识社会学,而科学知识社会学来源于知识社会学（sociology of knowledge）和科学社会学（sociology of science）。下面简略地追溯一下社会建构论的由来。

一、社会建构论的由来

20 世纪 20 年代,在马克思的"社会存在决定社会意识"思想的影响下,在社会学领域出现了一门新的学科:知识社会学。许多学者开始对知识进行社会学的分析。1924 年,马克斯·舍勒(Max Scheler)首先使用"知识社会学"一词,标志着知识社会学开始成为一门独立的学科。舍勒认为,知识的存在基础是一个确定的序列,在这个序列的三个不同阶段有不同的主导因素:在最初阶段,主导因素是血缘关系和相关的亲缘制度;在第二阶段,主导因素是政治权力及在此基础上的政治关系;最后阶段的主导因素是经济因素和经济关系。另一位德国社会学家卡尔·曼海姆(Karl Mannheim)是知识社会学的集大成者。他认为,知识的出现和发展在许多的关键点上都受到非理性因素(存在性因素)的影响。知识的形式和内容也受到存在因素的影响。他所说的存在性因素主要是指社会背景和社会过程。也就是说,他认为人们的认知过程受到他们所处的社会背景和社会过程的影响。这种影响主要表现在三方面:(i)问题的表述依赖于前人有关这一问题的实际经验;(ii)从繁复的资料中做出选择牵涉到认识主体的意志行动;(iii)处理问题的方法受到生活中各种力量的影响。这里的"生活中各种力量"和"意志行动"不是指个人的,而是涉及集团的共同目的。只有通过揭示集团形成的多样性(世代、地位、派别、职业等)和它们的特征性思维方式,才能够发现不同知识的不同的存在基础。

知识社会学的诞生加强了对科学的社会学研究。在前苏联和波兰,早在19世纪末和20世纪初就开始了对科学学研究。到20世纪20年代和30年代,科学学和知识社会学一起,促进了欧洲的科学社会学的研究,产生了一大批科学社会学的著名成果,如贝尔纳(J. D. Bernal)的《科学的社会功能》和默顿(Robert King Merton)的《17世纪的英格兰的科学、技术和社会》,形成了科学社会学的经典模式——默顿模式。科学社会学把科学看成社会活动,从社会学的角度研究科学的社会建制。从课题的选择、科研经费的获取到实验的展开、成果的发表及评价,到科学精神等多方面开展研究。

然而,知识社会学和科学社会学一样,都把科学理论和科学知识看成不同于人类其他知识类型(如法律、政治学和伦理学)的知识。它们认为其他知识深深受到社会因素的影响,但科学知识并非如此。科学知识是客观知识,是对自然界规律的反映,具有真理的成分;科学知识独立于科学研究者,是不应该也不会受到研究者的社会因素影响的。所以知识社会学和科学社会学都没有对科学知识进行社会学研究,把科学知识看成不同于人类其他知识。

到20世纪70年代,在库恩的《科学革命的结构》影响下,不少社会学家开始对科学知识进行社会学研究。他们认为:

"应该把所有知识——无论是经验科学方面的知识,还是数学方面的知识——都当作需要调查研究的材料来对待。"(布鲁尔,2001:1)他们提出要"用科学本身的方法分析和研究科学和科学知识",这样做"恰恰是对科学的崇尚,而不是对科学的诋毁"(巴恩斯,布鲁尔,亨利,2004:中文版序:1)。为了和默顿的科学社会学相区别,他们把这新的研究称为科学知识社会学(SSK),其中影响最大的是英国爱丁堡大学的几位大学教师,如大卫·布鲁尔(David Bloor)、巴里·巴恩斯(Barry Barnes)。人们把他们统称为爱丁堡学派。他们把科学知识请下了"神坛",认为科学知识和其他知识一样,都是社会建构的产物。所以有人直接把 SSK 称为社会建构论(Kukla,2000:7-8)。

二、社会建构论的主要观点

社会建构论指的是知识在产生过程中受到了社会因素的影响。如果只说社会因素影响科学研究的方向、方法和资金来源,这对科学实在论并不构成什么威胁,但是社会建构论认为社会因素也决定科学研究中的事实,决定什么科学理论被认为是真的或假的,这就构成了对科学实在论的威胁(Chakravartty, 2011)。社会建构论认为,接受一个信念和该信念是不是真的没有关系。人们的信念是由社会的、政治的和意识形态的因素决定的。这些因素构成了信念的原因。科学事实是科学家们通过社会交往和社会协商建构出来的；科学研究的对象是科学家们在实验室建构出来的。对科学理论的接受，主要是社会协商的结果，是流行的社会的和政治的价值观作用的结果。科学只是许多讨论之一，谁也不比谁更真。形形色色的社会建构论大致都持有这样的观点，即认为科学真理是由社会权威决定的，或者说，自然在科学理论中很少有或没有什么影响。社会建构论分为弱的和强的两类。前者认为，科学中的某些范畴或实体是社会建构的；后者认为，所有实在（包括物理世界）都是社会建构的（Psillos，2007：2）。后者一般称为 SSK 的强纲领（strong program），它是由布鲁尔提出来的，在社会建构论中影响很大。有时人们说社会建构论思想，一般都指其强纲领思想。布鲁尔认为，科学知识社会学在方法论上应该遵守下面四个规则：

（1）在涉及导致知识的信念和陈述的条件方面，它必须是因果的。自然，除了社会原因外，还有其他类型的原因，它们合作产生信念（简称为因果性）。

（2）在涉及真理和谬误、理性和非理性、成功和失败方面，它必须是公正的。这些对立的两个方面都需要得到解释（简称为公正性）。

（3）在解释风格方面，它必须是对称的。相同类型的原因即可以解释真实的信念，也可以解释虚假的信念（简称为对称性）。

（4）它必须能反观自照。原则上它的解释模式能够适用于社会学本身（简称为反身性）(Kukla，2000：9)。

布鲁尔声称他提出的强纲领的四个规则并没有什么新颖之处，只要科学地从事知识社会学研究就能得出他的结论。它们体现了在其他科学领域视为理所当然的科学价值。也就是说，只要从科学出发，就能对科学信念得出社会学的结论。同样，从布鲁尔所说，仅仅用科学的方法，从知识社会学也能得出相对主义的立场(Kukla，2000：10)。

实际上，布鲁尔的强纲领主张：包括科学知识在内的所有知识都是社会建构的信念；所有信念都是相对的，是由社会建构的，是社会中人们协商的结果。因此不同的人们由于时代、群体、民族不同会形成不同的知识。在他提出的四个规则中，"因果性"要求知识社会学去寻求所有知识的原因，特别是其社会成因；"公正性"要求公正地对待真理和谬误、理性和非理性、成功和失败，它们都是社会建构的结果；"对称性"要求建构的原因，既能解释正确的知识，也能解释错误的知识；"反身性"要求研究者提出的理论也能运用于其理论本身，即得出的某些知识的社会成因的结论，也能用来说明这些结论本身。

三、社会建构论对科学实在论的威胁

综上所述可以看出，社会建构论构成了对科学实在论的威胁。首先，社会建构论对科学实在论认为理论实体存在的

观点构成了威胁;其次,社会实在论对科学实在论认为科学理论是近似真理的观点构成了威胁。

1. 社会建构论的实体观

布鲁尔认为,科学知识社会学的核心是关于概念本质和应用的"有限论",即一个概念先前的应用并不能决定其后面的应用,每一次概念的应用都是一个全新的创造过程。这种"有限论"是揭示科学本质的科学理论。布鲁尔指出,他所说的强纲领的社会建构论并非如批评者所说的,否定独立于知识的客体存在。它既是相对主义的,又是唯物主义的。说它是相对主义,因为它强调有限论,即每一概念的应用都包含社会的偶然性(巴恩斯,布鲁尔,亨利,2004:中文版序:1—2)。而对于实在论,布鲁尔等人认为:"实在论应该在有限论的意义上被认识和说明。"(同上,导言:3)因此,可以从社会建构论推出有关理论实体的术语属于科学家的社会建构,它没有固定的指称,每次应用都有偶然性。这实际上等于完全否认了理论实体的存在。所以尽管布鲁尔反对批评者说社会建构论是唯心主义,只承认社会建构论是相对主义,但是从社会建构论来看,它不仅如上所说否定理论实体的存在,它实际上认为科学的对象——科学的客体、科学的主体——科学家以及科学研究中主体和客体的关系也是社会建构的(安维复,2012:126—129)。所以布鲁尔认为,理论和实在之间的联系是含糊的。"在任何一个阶段,我们都永远无法察觉、认识,甚至因此而从任何一个角度运用这种符合。即使我们想使实在完全与我们的理论相匹配,我们也永远不可能拥有必不可少的、独立地接近实在的机会。我们所拥有的、所需要的,只不过是我们关于这个世界的理论和经验,只不过是我们那些实验结果和我们与那些可以操纵的对象进行的、感觉运动方面的互动而已。"(布鲁尔,2001:59)

如上所述,布鲁尔反对别人批评社会建构论为唯心主义。他一再强调,社会建构论是唯物主义的,但是他所说的社会建构论的唯物主义和马克思的唯物主义不是一回事。这反映在他在描述社会建构论的真理观的第三个功能时阐述的社会建构论的唯物主义中。

2. 社会建构论的真理观

如前所述,科学实在论的真理观是符合论。它认为科学理论描述了自然现象和自然规律,具有真理性。科学实在论承认科学理论中可能有错误的成分,但是科学理论随着历史的发展,不断地抛弃错误、修正理论从而接近真理。布鲁尔认为,社会建构论是相对主义的,它不相信存在任何终极的绝对的判断的可能性,它不承认任何知识具有绝对真理的地位。任何真理的宣称都是相对于历史性、社会性和生物性的偶然性而存在的(巴恩斯,布鲁尔,亨利,2004:中文版序:3)。布鲁尔指出,强纲领要求社会学家不要理会真理概念。但如果要说真理,那么社会建构论所持有的真理概念,不是理论对实在的符合,因为我们无法看到这种理论与实在的符合。所以如要说符合,也只能说是理论与自身的符合。因此布鲁尔认为,我们不要说真理是什么,而要看人们用真理概念来做什么(布鲁尔,2001:55—57)。所以布鲁尔描述了强纲领的真理概念的三个功能:

(1)辨别功能。真理有助于我们把那些发挥作用的信念和那些没有作用的信念区别开来。通常人们把它们贴上"真实"和"虚假"的标签。

(2)修辞功能。真理的语言是和有关认识的秩序问题联系在一起的。我们把真理当作有关某种事物的、超越纯粹信念的东西。当我们谈论真理时,根本不必要拥有接近这些事物的机会,也根本不必要拥有关于这些事物的终极性的真知灼见。所以上述标签可能在科学讨论中具有权威色彩,从而在论证、批评和说服过程中发挥作用。

(3)唯物主义功能。布鲁尔指出,强纲领出于本能,假定在我们之外存在一个具有明确结构的外部世界,虽然我们无法充分认识它的稳定性,但现有认识的程度足以应付实践之需。强纲领承认外部世界秩序的存在,并假定它是我们经验的原因。这就是他所说的唯物主义。所以他说,当我们说"真理"这个词的时候,只不过是要说:这个世界是如何存在的(同上,60—62)。而马克思的唯物主义不但承认外部世界独立于我们的意识而存在,而且承认外部世界能够为我们的意识所认识,即我们的认识可以达到对外部世界的真实的认识。这些方面和科学实在论是一致的。

总之,社会建构论特别是科学知识社会学的强纲领强调科学知识形成的社会因素,否定了科学知识的客观性,从而构成了对科学实在论的挑战。

第五节　女性主义科学观

女性主义(feminism)也称为女权主义,最早兴起于18世纪晚期,到了19世纪演变为女权运动或妇女解放运动。当时的女权主义者对社会制度领域的性别歧视发起批判,为女性争取和男性平等的公民权,并在不少国家取得了成功。自20世纪以来,随着女权主义运动的蓬勃发展,女权主义思想向其他领域发展。由于其不限于争取妇女的政治权力,而是扩大到许多其他方面的权力和利益,后来大多称为女性主义。在自然科学领域方面,女性主义者提出了女性主义科学观和女性主义知识论。它们没有直接讨论科学实在论问题,但是从下面几个方面对科学实在论构成了威胁。

一、对自然科学的批判

在20世纪,女性主义者把批判的锋芒指向了自然科学,认为自然科学领域和社会政治领域一样,也存在对女性的歧视。这种歧视不仅仅表现在自然科学研究领域对女性的排斥,还表现在自然科学的认识论及其成果也深受男性中心主义的影响。传统科学的实践和知识都渗透着对女性和弱势群体的歧视。这表现在如下几个方面:(i)把女性排除在科学研究之外;(ii)否定她们在科学研究中的权威;(iii)贬低女性的认知风格;(iv)制造出女性不如男性的科学理论;(v)制造出忽略女性作用的社会理论;(vi)使得科学知识不为弱者所用,从而强化性别和社会等级的差别(Anderson,2012)。她们希望通过对传统的科学和传统的科学方法的批判,找出其缺陷所在,并希望通过引入女性主义的视角,为自然科学带来新的方法和观点,从而消除科学研究中的男性中心主义。

二、对客观性的批判

女性主义哲学家着重批判了传统科学知识的客观性概念。通过对客观性概念的批判,彻底否定了传统科学知识的客观真理性,从而否定了科学实在论的基础。

女性主义者认为传统的客观性概念有下面七个方面的问题并从这七个方面进行了批判:

(1)主客二分(subject/object dichotomy):即认为真正的实在或认识客体是独立于认识者的。女性主义者认为,如果科学的目的是要如其所是地、独立于认识者地把握对象,那么就必须在认识者和认识对象之间做出截然分明的区分。而假定科学探索是要达到这种绝对的知识,就预设了有问题的本体论。如果认识的对象是认识者本身,这种假设就排除了认识者的自我理解有助于对认识者的认识的可能性,从而排除了认为我们的某些品格如性别是社会建构的可能性,使得人们犯了客观性要避免的错误:把人们关于认识对象的信念和态度当作对象的必然特性(Anderson,2012)。

(2)无视角性(aperspectivity):即认为客观的知识必须超越任何具体的视角。对认识对象的认识要如其所是,独立于和认识者的联系。如果我们认识事物时不持任何立场,不带有任何预设和偏见,那么指引我们认识的只有对象本身(外在引导)而不是认识者。女性主义者从后现代和实用主义的角度批判了这种无视角、无预设、无偏见的科学观。她们认为,对世界的表征反映了观察者的利益、立场和偏见,因为科学理论常常超越证据。要从证据中得出理论,偏见是不可少的。所以我们的研究不是要放弃预设和偏见,而是要根据经验来看什么偏见是有效的,什么偏见是误导的,从而改进科学实践。有些女性主义者认为,无视角性的假设不仅是认识论上的错误,它还在有关世界的科学理论方面带来错误,给处于社会底层的群体带来有害的后果。例如根据无视角性,男性中心主义者把女性的顺从说成是女性的天性,从而把男性的欲望强加给女性,为男性压迫女性披上"客观性"的外衣(同上)。

(3)超然(detachment):即认为认识者对认识对象要保持客观立场,在情感上保持超然。根据这种观点,优秀的科学家必须在情绪上保持超然,控制自己对研究对象的情感,这样才能防止主观性的错误。女性主义者凯勒(E. F. Keller)认为,这象征性地表现了科学的"男性"立场,从而导致了女性在科学中被边缘化的现象,因为女性常常被说成是情绪化的(同上)。

(4) 价值中立(value-neutrality):即认为认识者对认识对象要保持客观立场,在价值上保持中立。传统科学观认为,把科学的客观性解释为价值中立是防止教条主义和意识形态诱惑的重要法宝。女性主义者认为,从科学史和当前的科学实践来看,这种主张科学家的价值中立的观点是自欺欺人而且是不现实的。因为当科学家认为自己是保持价值中立时,他就意识不到他的价值观影响了其研究,从而让那些潜入的价值躲避了批评审查。赞成价值中立的人认为,评价时带有先入为主的预设是有害的。但是女性主义者认为,这种观点忽视了价值判断在引导科学探索中的许多积极作用(同上)。

(5) 控制(control):即认为客观知识是科学家在实验环境里通过控制认识对象获得的,特别是通过实验操作认识对象,观察其在控制下的表现得到的。通常认为这样得到的知识更能反映认识对象的真实情况,排除了认识者的主观因素和社会因素的影响。女性主义者认为,控制的立场就是社会权力,特别是男性权力的立场。这种控制立场享有的认知特权,反映了男性中心主义和社会特权阶层的权力。这些潜在的考虑并不能为控制立场的认知特权提供合理的理由,反而削弱了某些经验的认知价值。这些经验来自对认识对象的热爱以及和认识对象的互动。女性主义者认为,这种控制立场的客观性的错误不是导致了错误的理论,而是导致了对它们的片面的认识(Anderson,2012)。

(6)外在引导(external guidance):即认为客观知识是对认识对象的表征(representations),其内容是由事物实际存在的方式决定的,而不是由认识者决定的。认识应该由认识对象的特性引导,而不能由认识者的预设和偏见引导。女性主义者认为,这种外在的和内在的(主观的)引导的对比,是一种错误的两分法。证据对理论的不充分决定说明理论不能纯粹由认识对象的特性来引导。探索者在探索中要做出许多依条件而定的选择,如怎样设想和表征知识的对象? 要研究它的哪些方面? 如何解释有关对象的证据? 如何表述得出的结论? 说可靠的科学理论纯粹是外在引导的产物,是模糊了影响这些选择的因素,使得科学家无需为他们的选择负责(同上)。

(7)独特的研究方法(unique research methods):即认为科学具有独特的研究方法。正是这些独特的研究方法的客观性,使得科学排除了各种主观的、价值的、社会的和文化的因素,从而保证了科学的客观性。女性主义者认为,科学方法并不能排除上述因素的影响,所以这种独特的研究方法实际上并不存在(魏开琼,曹剑波,2013:94—96)。

女性主义者认为,传统科学观的这些问题合在一起构成了一种观点,即认为科学的目的就是如其所是地认识独立于认识者的事物;科学家通过超然和控制来达到这个目的。只有这样,他们才能达到无视角性和只遵守外在引导,才能达到对世界的客观的表征(Anderson,2012)。女性主义者认为,这种观点只是一种自欺欺人。科学知识和其他知识一样,并不是价值中立的,它渗透着社会利益。科学家是处于特定社会的具体的人,他们不可避免地会把个人偏见和社会意识形态带入科学研究中。而且,科学共同体的研究传统也会影响研究问题的提出、材料的取舍、证据的解释、理论的评价与选择。不存在不受理论影响的纯粹的观察和观察数据,也不存在中性的科学语言(魏开琼,曹剑波,2013:94—96)。因此,在女性主义者看来,传统的科学观强调的客观性导致了对世界的片面的描述,这种片面性表现为男性中心主义或者是为男性利益服务的(Anderson,2012)。

三、对科学实在论的挑战

从上述女性主义对传统科学观的客观性的批判中,明眼人不难看出其对科学实在论提出的挑战。因为根据这种客观性,"真理或接近真理可能看来就是将那种关系概念化的一条合理的途径。最好的知识假说应当在反映世界而不是歪曲其本来面目的意义上、在与彼岸的且不为人们的研究所改变的实在相符合的意义上是这个世界的真相。"（哈丁，2002：194）即承认传统科学观的客观性就必然导致科学实在论的真理观。反过来，如动摇了上述客观性也就是动摇了科学实在论的真理观的基础。所以女性主义反对说科学理论中有真理或真理的成分。正如哈丁（Sandra Harding）所说："掌握作为科学假说之理想的真理以及使真理最大化的程序，不仅不可能实现，而且缺乏逻辑的连贯性。……找到真理不仅标志着科学的终结，而且标志着历史的终结。"（同上，195—196）而且哈丁认为，放弃对知识假说的真理要求并没有使女性主义陷入相对主义（同上，195）。

第六节　自然本体论态度

自然本体论态度（the natural ontological attitude）是法因提出来替代科学实在论的对待科学的观点。在他看来，自然本体论态度既非科学实在论，也不是反科学实在论。法因认为，实在论已死。实在论的死亡是由新实证主义者宣告的。他们认为，实在论的存在主张只是个假问题。而有关量子力学解释的争论加速了实在论的死亡，在量子力学领域玻尔（Niels Bohr）的非实在论的解释战胜了爱因斯坦的实在论解释。在过去 20 年里，物理学家抛弃了实在论，然而物理学进展得很好。虽然有些哲学家希望能重振科学实在论，但那只不过是"回光返照"，没有意义。我们要学会接受实在论已经寿终正寝这个事实,寻找它的替代者(Fine,1984:83-84)。

一、法因对科学实在论论证的反驳

法因认为,人们提出来支持科学实在论的论证是不可靠的。首先,有哲学家从科学的成功出发,论证需要用实在论来解释科学的成功。法因认为,这种论证可以从两个不同的层面看,一个是在基础层面,它聚焦在具体的成功上面,如新的预言的证实、看似完全不同的现象(或领域)的统一、成功地把某一理论模型联结到另一理论模型,等等。人们要求我们解释诸如此类的成功并且被告知,解释这些成功的唯一方法就是从实在论出发。对于这种说法,劳丹已经提出了强有力的详细分析,说明它是不可靠的。第二种实在论的论证是在方法论层面上的,主要来源于波普尔对工具主义的批评。波普尔认为工具主义不能够充分解释他的证伪主义的方法论。这种论证后来得到波义德(Richard Boyd)和早期普特南的发展。这些论证都集中在科学实践的方法上。人们要求哲学家们解释为什么这些方法导致了科学的成功,实在论者认为,也许最佳的解释就是实在论。法因认为,科学实在论者的这些辩护策略有着不可克服的深刻的困难。他指出,正如彭加勒、迪昂和范·弗拉森等人欣赏科学解释的系统性和一致性,但怀疑"可接受的科学解释必须是真的","解释原则中提到的实体是真实存在的"说法,因为他们认为通常给我们带来最佳解释的方法,并不能说明这些解释是真的,或者近似为真。但是导致科学实在论的策略就是诸如此类的普通的外展推理(abductive inference)。因此如果非实在论者的怀疑是对的,那么认为实在论是最佳解释的推理就是没有意义的。要为实在论辩护,其方法就必须比一般科学实践中所用的更为严格,不能在逻辑上乞题(beg the question),即先假定解释假说的真和解释力来说明科学解释假说的重要性。所以在法因看来,无论是在基础方面,还是在方法论方面,都不能说明实在论是解释科学实践的最好的假说,科学实在论者的论证实际上是犯了乞题的错误,即预设了对"我们是否应该把最佳解释视为真的?"这一问题的答案。要避免这种错误就必须运用比外展推理更为严格的推理,也许可以用导致经验概括的归纳推理。要得到经验的概括,就必须要有可观察现象之间的可观察的联系。对于实在论者来说,就必须要有理论和外部世界的可观察的联系。然而,迄今为止,没有这种理论近似为真的可观察的联系。所以科学实在论者假设了理论和外部世界的无法证实的一致(同上,85—86)。法因进一步分析了在方法论层面的科学实在论的论证问题——小数量(small handful)问题和合取(conjunction)问题。

1. 小数量问题

人们发现,在科学史上,在某个时间在某个科学领域中,某个理论只有少量的替代理论(或假说)。即只有少数几个理论可以看成竞争者或者某个需要修正的理论的后继者。而且这些少数理论有某种家族相似。某一替代理论大致和以前理论相差不大，它们都保留了以前理论中已证实了的部分，仅仅在未证实的部分有差异。为什么在此"小数量"的选择中能产生对以前所接受理论的很好的后继理论？科学实在论者回答说，先前存在的理论本身就是对所说领域的近似描述，因此很自然会把对后继理论的寻求，限制在本体论和在规律上与已有理论相似的那些理论上，特别是在那些和先前理论已经证实部分相似的理论上。如果说先前理论是近似为真的，那么后继理论也是近似为真的。因此，后继理论是很好的预测工具，其本身就会是成功的(Fine，1984：87)。

法因认为，"小数量"问题实际上提出了三个不同的问题：(i)为什么在理论上无限的可能性中，只有"小数量"的理论存在？(ii)为什么在这些"小数量"理论中存在保守的家族相似？(iii)为什么这种缩小选择范围的策略能够成功？科学实在论者根本没有回答第一个问题，因为即使我们把自己限制在和先前理论有某些家族相似的理论范围，从理论上说，还远不止这些。在回答第二个问题(有关保留已经证实的本体论的和规律的特点)时，科学实在论者必须假设，这样的证实是近似正确的本体论和近似为真的规律的标志。但是实在论者怎么能够为这种假设辩护？显然，我们无法做出这样的有效推理："T 得到很好的证实，因此，存在 T 所要求的对象，它们符合近似于 T 所描述的规律。"科学中在本体论上任何大的变化,都会表明这种方案的无效。例如,19 世纪和 20 世纪之交时对电动力学中以太的否定,就从本体论上证明了这一点。卢瑟福-玻尔原子的力学和旋转系统的经典能量原理不同的事实,在规律层面证明了这一点。实在论者也许会说,在得到证实和近似为真之间不存在严格推理的问题,但是这里有某种概率推理问题。法因认为,在此没有基于归纳证据的概率关系,因为这里没有有关近似真理本身的独立的证据,至少实在论者没有提出任何独立于所考查的论证的证据。如果概率不是建立在归纳之上,那么其他的是不是呢? 在法因看来,实在论者也许会最终求助于起初的策略,说近似为真的说法为得到很好的证实提供了最佳解释。这种说法又回到了基础层面的实在论论证,即用具体成功来论证对实在的近似为真的描述。这种论证已经受到了劳丹的批评。因此,法因认为这种说法说明实在论者在方法论层面的成功并不比它在基础层面的成功好多少,在那里失败了,在这里也会失败(同上,87—88)。

第三个问题是"为什么小数量策略会成功"。法因指出,工具主义者对此无法解释。实在论者可能会解释说,近似为真从先前的理论转移到后继的理论中,所以它会成功。法因批评道,这算什么解释? 它充其量解释了为什么后继理论覆盖了和先前理论相同的范围,因为保守的策略保证了这一点。但是工具主义者也可以做同样的解释:如果我们坚持保留先前理论已证实的部分,那么后继理论在已证实的方面当然会融洽得更好。法因认为,问题并不在此,而是如何解释后继理论在新的领域、新的预言或克服先前理论的反常方面的成功。在此领域,实在论者除了说理论家们在提出新理论时碰巧做出了很好的猜测,还能说什么?因为旧的理论中的近似为真并不能保证在较少证实的部分对理论进行修正会导致大的进步。科学史表明,这样的修补只有偶尔成功,大部分都失败了。很少有人会拿这种失败的历史来解释偶尔的成功。说扩展近似为真的理论可能产生新的近似为真的理论只是"痴人说梦"。它既得不到近似为真的逻辑支持,也得不到科学史的支持。所以,法因指出,实在论者的问题是,如何解释经常失败的策略的偶尔成功,实际上他们没有资源来做到这一点;他们求助于近似为真只不过是找到一个枕头,可以安慰自己但于事无补(同上,88—89)。

所以,法因认为,对于小数量问题提出的三个挑战,实在论者没有回答第一个问题,在第二个问题上犯了乞题的错误,在对付第三个问题方面又没有资源。在这方面,实在论的策略还不如工具主义的好。在法因看来,科学实在论者的错误,首先是不断地乞题——从解释的效力跳到解释假说的真。其次,他们在近似为真这个概念上犯了两方面错误:一方面,他们试图从某些假定的近似真理中引申出某些新的更深层次的诸如此类的真理;另一方面,他们又需要认识一致关系的真正途径。然而,事实既不存在由近似真理根据逻辑得出的这种普遍的联系,也不存在任何这样的可靠途径。但实在论者却假装它们存在(Fine,1984:89 - 90)。

2. 合取问题

法因提出科学实在论还面临着合取问题。他是这样表述的:如果 T 和 T' 分别代表已独立地得到很好证实的解释理论,如果在这两个理论中没有任何共同的术语是含糊不清的,那么我们就能期望 T 和 T' 的合取为可靠的预测工具(假定理论不相互矛盾)。对此,实在论者是这样解释的:如果理论 T 和 T' 得到很好的证实,那么它们所指称的实体就近似为真。如果对不是含糊不清的要求做实在论的解释,那就是要求一个共同指称的领域,因此两个理论的合取也是近似为真的,所以它们会产生出可靠的可观察的预测。但是,法因指出,科学实在论者在此又犯了两个错误,先是乞题——从解释跳跃到近似为真,后是误解了近似为真的概念。从近似为真的逻辑中,并不能得出这样的推论:即从"T 近似为真"和"T' 近似为真"推出合取"$T \cdot T'$"也近似为真。但是,一般而言,近似的严密防止我们做出进一步的近似。如果 T 对某些参数的估计的近似范围是 ε,T' 的近似范围也是 ε,那么通常我们说 T 和 T' 的合取的参数近似范围为 2ε。但近似为真的逻辑应该让我们得出相反的结论,即两个理论的合取比其中的任何一个理论(在其共同领域里)都更不可靠。因此可以看出,建立在实在论的近似为真之上的对两个理论的合取的期望是多么不可靠。法因指出,也许实在论者会提出其他的对 T 和 T' 之间的近似的一致性要求,但是他们无法解决近似和"真"之间的距离问题。什么要求能够缩小这种距离? 实在论者提不出来,因为没有人有所要求的途径接近这个"真"。无论实在论者对近似条件提出什么样的要求,他们都无法表明这会更接近真。所以,法因得出结论,实在论者在方法论层面的论证也是不成功的(同上,90—91)。

二、自然本体论态度

法因分析了科学实在论的论证不可靠之处后,提出了替代科学实在论的观点。他将其称为"自然本体论态度"(natural ontological attitude,NOA)。严格说来,自然本体论态度并不是反科学实在论,而是法因自己所称的非实在论。他说这是一种朴素的思想路线。法因虽然不接受科学实在论的外展推理论证,指出 20 世纪的物理学史已经证明它是错的,但是他承认自己在某些方面还是接受科学实在论者的观点。例如,他相信感觉证据,相信日常感觉对象的存在,相信科学研究的"反复检查"体系以及科学制度中的其他确保科学研究可靠性的因素,所以,如果科学家说,存在分子、原子、ψ/J 粒子甚至夸克,那么这些东西就是真的存在;他相信科学家所说,认为这些微观粒子及其属性、联系真的存在。如果这时有工具主义者说这些实体及其属性都是虚构的,他也不会相信。在此他认为,最好持实在论立场。所以他把"自然本体论态度"的朴素的思想路线归纳为:"一个人可能接受其感觉证据,同样,也可能接受仅仅对实在论者而言已经证实了的科学的结果;因此,我应该是个实在论者。(你也应如此!)"(同上,95)法因进一步解释道,接受感觉证据,同样接受已经证实的科学理论,就是在生活中把它们当作真的,从而调整自己的实践的和理论的行为来适应这些真实和真理。因此这种**朴素的思想路线**要求我们接受科学结果的真实存在,如同我们所感觉到的物体。在真实种类、存在方式上,它们没有什么不同,只是在重要性和相信程度上有所不同(同上,95—96)。

法因认为,反实在论有许多不同的立场,它们有唯心主义、工具主义、现象主义、经验主义(建构的和非建构的)、约定论、建构论、实用主义,等等。但是科学实在论和反科学实在论其实有些共同的东西,它们都遵循他所说的"朴素的思想路线",即都承认证实了的科学研究结果是真的,它们和更为普通的日常的真理一样(某些反实在论者有不同的表述)。法因把这种共同的对科学真理的接受称为"核心立场"。科学实在论者和反实在论者的不同之处在于他们各自给这核心立场添加了不同的东西。例如,有些反实在论者(如实用主义者、工具主义者和约定论者)给这核心立场添加了对真理概念的分析;有些反实在论者(如唯心主义者、建构论者、现象主义者和某些经验主义者)则添加了对某些其他概念的特别分析;还有些反实在论者则添加了某些方法论的限制,建议某些特殊的推理工具,建构自己对科学某些具体方面(如解释或定律)的诠释。而科学实在论者给这核心立场添加的就是对"它们是真的"的强调。所以当实在论者和反实在论者都同意说电子真的存在、它们带有负电荷、有很小的质量(大约 9.1×10^{-28} 克)时,实在论者补充说,这些都是真的。"电子**真的存在! 真的!**"法因认为这种强调有消极的和积极的作用。在消极的方面,它拒绝反实在论者给他们双方都接受的核心立场添加其他什么东西,例如,实在论者希望否定现象主义的概念的还原和实用主义的真理观,因为他们认为,这样的添加实质上抽去了双方接受的对真理或存在的主张的实在性(substantiality)。所以实在论者说,它们真实地存在,而且不是在反实在论者削减了的意义上存在。在积极的方面,实在论者赋予他对真理和存在的主张(即对实在的主张)以结实的意义,那些物质的存在是真的,真的如此。所以成熟的实在论者坚信真理和世界符合的观念或者代之以接近符合的近似真理观念。但是法因认为这样的强调对实在论者并没有太大的帮助(Fine, 1984:96 - 97)。

法因把科学实在论和反实在论都赞同的这个核心立场称为自然本体论态度(NOA)。它不是什么主义,而是一种对待科学的态度;它既非实在论,也非反实在论,而是介于两者之间。法因认为,NOA 是对待科学的一种充分的哲学立场。它有如下几个特点:

1. 本体论问题

NOA 承认科学的结果是真的。它以通常的指称方式来对待真理,即一个句子为真当且仅当它所指称的实体处于指称关系中。所以,NOA 赞同普通指称语义学,通过真理,承认我们接受为真的科学陈述所指称的个体、特性、关系和过程的存在,NOA 相信它们的存在就和相信科学中的真理一样,受到普通的证实关系和证据支持关系的约束,服从科学的规范。NOA 不赞同科学实在论的进步主义。科学实在论认为科学理论为近似真理,科学的成功使得科学理论更接近真理;科学事业随着科学的成功、科学理论越来越接近真理而进步。NOA 承认科学理论指称的实体的存在。但是如果传统在库恩所说的"范式转换"的概念革命中发生变化时,没有什么可以看成科学实在论所说的进步(即对相同事物认识更为精确)。NOA 接受库恩的观点,认为这时的变化是指称的整个的变化。不像科学实在论者,NOA 在发生范式转换时可以自由地检查那些事实是否支持指称的稳定性,而不必要给那些事实套上实在论的进步框架,让事实来说话。所以法因认为,NOA 同意指称和存在的主张,但不强行把科学史纳入某种模式(同上,97—99)。

2. 外部世界问题

法因批评科学实在论置身于科学游戏之外,以旁观者的身份来做判断,这是自欺欺人,因为他不可能游离于科学之外。NOA 认为,无论是从物理上看,还是从观念上看,我们都处于世界之中。也就是说,我们处于科学的对象之中,我们用来对科学世界中发生的事情进行评价的概念和程序本身也是科学的一部分。从认识论上看,这和为归纳辩护一样。所谓的外部世界问题,就是如何满足实在论的要求,为科学赞同的(因此也是 NOA 赞同的)存在主张辩护,如同说那些实体"就在那里"。就归纳而言,只有用归纳才能为归纳辩护,但是用归纳又根本不能为归纳辩护,因为那样做就会陷入循环论证的怪圈。对于外部世界也是如此,只有通常的科学的存在指称才能够为其辩护,但是它们中没有一个能够满足这种要求:表明外部存在真的"就在那里"。法因认为,对于外部世界,我们应该遵循休谟关于归纳的说法。我们不可能为实在论所要求的那种外在性进行辩护。关于存在的主张,我们只能遵循科学的实践,而不能要求更多,这就是 NOA 的建议(Fine,1984:99 - 100)。

3. 对小数量问题和合取问题的回答

法因认为,小数量问题的关键是要解释:为什么我们能想到的、导致成功的新的预测的替代理论的数量会很少。但是我们要记住的背景是,大多数这样的少数理论是不成功的。

NOA 也只能说这么多。也许有人会说,建立在某些真理上的猜测会更成功,如果我们早期理论大部分是真的,我们后来的修正理论保留了它们的真实的部分,则建立在这样基础上的猜测的成功的可能性就更大。法因认为这是一种弱的解释,但事实又不允许更强的解释,因为这样的猜测大部分失败了。所以,NOA 没有解决小数量问题。法因也没有试图去解决这一问题。法因认为,NOA 有助于解决合取问题。如果两个一致的理论事实上有重叠的部分,如果两个理论对于重叠部分表达了真的成分,那么它们的合取就增加了各自的真实度,所以合取产生了新的真理(同上,100)。

法因认为,NOA 最大的美德就是提醒大家注意,充分的科学哲学能够少到什么程度(可以比作艺术中的极简主义)。他认为,实在论不同于形形色色的反实在论在于,实在论为 NOA 增添了外在方向,即外部世界和近似真理的符合关系;典型的反实在论则增加了内在方向,即真理、概念或解释的人本倾向的还原(human-oriented reduction)。NOA 认为,这些增添的合理特征都已经包含在假定日常真理和科学真理的同等地位中,即我们把它们都看成真理。所以其他添加是不合理的,没有必要的(同上,101)。

法因指出,NOA 的显著特点是它坚决反对通过理论、分析甚至隐喻的方式扩大真理的概念。NOA 承认的真理,是已经在使用的概念。它同意遵守用法规则。这些规则包括戴维森-塔斯基(Davidsonian-Tarskian)的规则、指称语义学的规则,它们支持经典的推理逻辑。因此,NOA 尊重习惯的'真理'的"语法",尊重习惯的认识论。后者把对真的判断建立在感觉判断和不同的证实关系上。如使用其他的概念,则对于什么是真理必然会有争议,例如,对于最佳解释推理是否总是指向真理问题。NOA 认为,没有什么资源有助于解决这类争论,即没有一般的方法论的或哲学的资源能决定此类事情。科学实在论和反实在论犯了相同的错误,它们都假定了不存在的资源的存在。如果要 NOA 回答这样的问题,即要说明什么是真的,NOA 会指出这个特殊主张产生的逻辑关系,然后集中在导致那个特殊的真理判断的具体的历史条件上(同上)。

总之,法因试图超脱于科学实在论和反实在论的争论,提出一种第三方观点——自然本体论态度。自然本体论态度承认科学涉及的实体、性质、关系和过程是真的,但是反对科学实在论的科学进步观,反对说科学理论是近似真理,反对说科学理论随着科学的发展,不断地接近真理。

第五章

科学实在论在当代的发展

　　科学实在论认为,我们最成功的科学理论提出的不可观察的理论实体是实实在在地存在的。如前所述,人们比较认同的对科学实在论的论证是普特南提出的无奇迹论证。他指出,科学实在论是科学成功的最佳解释,否则科学成功就是奇迹。然而反实在论者认为可观察实体或经验无法充分证明理论实体的存在(证据不充分说)。然而对科学实在论杀伤力最大的是以库恩为代表的历史主义提出的科学史中科学理论的非连续性,即在历史中科学家总是不断抛弃旧的理论和旧的理论实体,所以我们现在的理论和现在的理论实体也许在将来可能会被抛弃(悲观归纳论)。科学实在论者为了坚持实在论立场,回应各种挑战,也在不断地修正科学实在论。在 20 世纪出现了各种各样修正的实在论,其中影响较大的有波普尔及其追随者提出的猜想实在论(conjecture realism)、普特南提出的内在实在论(internal realism)、理查德·斯拉哥尔(Richard H. Schlagel)提出的与境实在论

(contextual realism)⑤和约翰·沃勒尔提出的结构实在论（structural realism）。本章分别介绍上几种实在论，但由于结构实在论是当前科学哲学的热点，本章的重点将放在结构实在论的介绍上。

第一节　猜想实在论

以波普尔为代表的证伪主义的科学哲学家既不同意科学实在论的强硬立场，也不同意工具主义的科学观。他们提出了自己的实在论观点。查尔默斯将其称为"猜想实在论"（查尔默斯，2007：279—281）。

一、波普尔对本质主义和工具主义的批判

波普尔把强硬的科学实在论（如伽利略的科学观）称为"本质主义"。他认为这样的本质主义有三个原则：

（1）科学家的目标是寻找关于世界（特别是其规则性或"规律"）的真实的理论或描述，对可观察事实做出解释。

（2）科学家最终能成功地确立理论的真理性而克服一切

----

⑤ contextual realism，国内学者大多译为"语境实在论"。笔者认为译为"与境实在论"较妥。因为根据 *Longman Dictionary of Contemporary English*（New Edition），context 有两种含义，一种是语言中围绕着某个词或短语，影响或有助于其含义理解的部分；一种是某事发生的周边条件。前者译为"语境"，后者译为"与境"。斯拉哥尔提出的 contextual realism 显然是在后一意义上提出的。

怀疑。

（3）最好的科学理论描述了事物的"本质"或"本质属性"——即现象背后的实在（波普尔，1986：145—146）。

波普尔赞同上述第一个原则，但是认为第二个和第三个原则是错误的。对于第二个原则，波普尔提出，科学家只检验他的理论，排除不能经受检验的理论。他们不能肯定新的理论会导致他们修正理论还是抛弃理论。所以，一切理论都是假说，只是"和不容置疑的知识相对立的猜测"。波普尔提出，他要反对的本质主义原则"仅仅是声称科学目的在于终极解释的原则"，他对本质主义的批判并不是想证明本质不存在，而是想要说明对本质的信仰可能会妨碍科学研究，如对牛顿理论的本质主义的解释那样（同上，148—151）。波普尔也不满意对科学理论做工具主义的解释。因为"工具主义的解释不能说明试图拒斥的实际检验，并且它除了断言不同的理论有不同的适用范围之外，什么也得不到。但这样它就不能解释科学的进步"（同上，159）。所以，波普尔认为，工具主义和本质主义一样，都是蒙昧主义的哲学（同上，160）。

二、波普尔的猜想实在论

波普尔提出了不同于本质主义和工具主义的第三种观点，即查尔默斯所说的"猜想实在论"。波普尔说第三种观点是去除了本质主义的伽利略的科学观。"它保留了伽利略的原则,即科学家的目的在于真实地描述世界或者世界的某些方面,在于真实地解释可观察事实;……但科学家绝不可能确凿地知道他的发现究竟是不是真实的,虽然有时他可能有一定的把握确定他的理论是虚假的。"(波普尔,1986:161—162)所以,波普尔把他的第三种观点(猜想实在论)简单表述如下:

> "科学理论是真正的猜测——关于这个世界的提供丰富信息的猜测,它们虽然不可能证实(即不可能表明为真实),但可以付诸严格的批判检验。这种猜测是致力于发现真理的严肃尝试。就此而言,科学假设就像数论里的哥德巴赫有名的猜想一样。哥德巴赫认为,他的猜想可能是真实的;而且很可能事实上是真实的,即便我们现在不知道,也许永远不会知道它是不是真实的。"(同上,162)

波普尔的猜想实在论把新旧科学理论都看成是真正的猜测,它们都是描述世界的真正尝试。而且猜想实在论把它们描述的世界看成是和日常世界一样实在的。在波普尔及其追随者看来,"第一性质"(如几何形状)和"第二性质"(如颜色)都是实在的。各种力和力场也是实在的,虽然它们带有假说和猜测的性质。各种理论猜测的层次不同,但越高的和猜测性越大的层次也是更为实在的(在内涵上更稳定、更持久)。

理论猜测性越大,其可检验的程度就越高(同上,162—165)。但是,"不管怎么样,可检验的猜测或猜想总是关于实在的猜测或猜想。从它们的不确定性或猜测性质,只能得出这样的结论:我们关于它们所描述的实在的知识是不确定的或猜测性的。"(同上,165)我们知道存在着实在,科学的目的就是要发现关于实在的真理,但我们有关实在的理论只是猜测,它们可能是错的。所以猜想实在论不断言现在的理论是真的或近似为真的,也不断言科学确实发现了某些世界上存在的事物,只说科学的目标是要认识这些事物。而且即使我们获得了有关世界存在的真实理论和真实表征,我们也没有办法知道这一点。所以,查尔默斯批评猜想实在论是一种软弱的哲学立场,和反实在论似乎没有区别(查尔默斯,2007:280—281)。

综上所述不难看出,猜想实在论首先是一种实在论。它承认世界是独立于科学理论的实在,承认科学家致力于让科学理论达到对世界的真实的描述或表征。然而,我们无法知道科学理论是否达到了这种真的描述。科学理论只不过是种可能会错的猜测,所以猜想实在论实质上是一种在认识论上持不可知论的实在论。

第二节 内在实在论

普特南是当代美国"后分析哲学"或"后实证主义哲学"的主要代表之一。他的思想变化很大。他在早期提出了著名的无奇迹论证,使得科学实在论与反实在论之争成了哲学的一大热潮。在 20 世纪 80 年代,他又提出内在实在论来解决两者的争端。但是,普特南的内在实在论并不是科学实在论的修正或延续。在某种意义上说,普特南的内在实在论其实是反科学实在论。

一、反对"上帝之眼"

在提出内在实在论时,普特南的思想与其早年科学实在论的立场相比,发生了 180 度的大转弯,直接跳到了和科学实在论相反的立场上,所以有人把他的内在实在论直接称为反实在论。他把科学实在论称为形而上学实在论。这种形而上学实在论认为,世界是不依赖人的心灵的对象的总和;对世界只有一个真实的描述方式;真理是语词或思想与外部事物的符合。普特南把这种观点称为"外在论",批评它默认一种不受任何条件局限的"上帝之眼"的存在。他批评道,根本不存在什么"上帝之眼"。人们的认识总是受到各种社会的和自身的条件的限制,没有谁能超越这些限制。人们总是从自身所处的各种限制出发来认识世界的。

二、普特南的内在实在论

基于对"外在论"的批判,普特南提出了完全不同于"外在论"的内在实在论,其基本观点如下:

（1）对于什么是构成世界的对象这一问题，只有在某个理论或描述的框架内提出才有意义。

（2）关于世界的"真的"理论或描述不止一个。

（3）真理是某种合理的可接受性，其标准是信念之间、信念和经验之间的融贯，而不是信念同独立于心灵的"事态"的符合（普特南，2005，55—56）。

所以普特南的内在实在论和科学实在论有很大的区别。科学实在论承认世界独立于人的心灵，在人的心灵之外；科学理论是对世界的真的或近似为真的描述；在相互矛盾的科学理论中，对世界的真的描述只有一个；科学真理的标准是符合科学事实，符合自然规律。普特南的内在实在论的基本观点与此完全不同甚至相反。因此有人把普特南的内在实在论称为真理的融贯论、非实在论、多元论、实用主义。普特南提出的内在实在论认为，作为认识者的人都是现实的个人，每个人都有自己的利益和目的，他们的理论和描述都会受到其利益和目的的影响，所以认识中并不存在他所说的"上帝之眼"。在他看来，科学实在论恰恰就是预设了这种与观察者无关的"上帝之眼"；科学实在论的真理恰恰是这种"上帝之眼"下的真理。内在实在论者认为，"对象"并不独立于概念框架而存在。"对象"既是被发现的，又是被创造的。符号只有在概念框架之内才和特定对象符合（同上，56—58）。因此普特南这样写道：

"如果'对象'本身既是被发现的,又是被创造的,既是经验中的客观因素、不依赖于我们意志的因素,又是我们在概念上的发明,那么,对象当然内在地归于某个标签之下;因为这些标签是我们用来构造一幅世界(其中包括的首先是那些对象)图景的工具。"(同上,60)

所以,内在实在论除了强调内在的融贯外,也承认知识有经验的输入。这种经验输入为我们的概念、词汇所塑造、影响和污染。因此,内在实在论承认的实在只是在理论和概念框架内的实在,和科学实在论承认的实在相去甚远。

第三节 与境实在论

与境实在论是理查德·施莱格尔(Richard H. Schlagel)提出来的。他认为,随着 19 世纪以来进化论的深入,随着人类智力和社会的发展,以往那种认为实在与时间无关的绝对实在观已站不住脚。传统的实在论把某种实体(如原子)视为终极的"宇宙之砖",宇宙万物由这种实体构成。然而,随着科学的发展,人类的认识越来越深入,从原子到原子核,到更深层次的基本粒子。所谓的"宇宙之砖"不断地被打破。现代科学为我们揭示了一种新的实在论,即与境实在论。

一、无穷分层的与境实在

与境实在论不再追求某种终极的实体，而是在总体上类似于戴维·玻姆（David Bohm）、马里奥·邦格（Mario Bunge）和约翰·考普斯维特·格雷夫斯（John Cowperthwaite Graves）主张的"层次假说"。它把物质实在形象地描述为由不可穷尽的相对自主的与境（contexts）构成不同层次的基质（matrix），再由这些基质构成更大规模的基质。这些与境包括无数的形式、属性、结构和过程，类似于在不同的技术条件下揭示的数不清的细胞结构（系统、器官、组织、细胞、基因、染色体……）。与境实在论认为，世界由数不清的不同层次的基质组成，每个层次的基质由该层次上相对稳定的与境组成，这些与境展示了不同层次的现象，这些现象有着不同的描述谓词，遵守不同的解释原则。虽然多层次的与境有着各自不同的结构，但它们不是完全断裂、没有联系的（否则我们就不可能认识它们），但是它们也不是像以往所假定的那样，在本质上纯粹是由相同的基本元素构成的连续的东西。而且尽管不同的与境有类似的关系和属性，但是宏观世界的形式和过程在性质上不同于原子-分子层面的形式和过程。根据量子力学，原子-分子层面的形式和过程也不会在亚原子层面重复。而且，根据广义相对论，在宇宙层面，空间和时间、力场和质量、引力场和空间-时间连续性的结构关系也发生了巨大的改变(Schlagel，1986：273 - 275)。

二、传统实在论的基本假设

理查德·施莱格尔认为,过去所有探索都假设宇宙的各个部分有着相同的本体,科学家对宇宙不同层次的研究会揭示出相同的基本元素、基本结构和解释原则。这些假设中有两个基本的假设:(i)宏观层面现象的多样性可以用在更深层次发现的一系列有限的不可改变的、永恒的元素和它们的相互作用加以充分的解释。(ii)适用于任何层次与境的研究的规律和因果原则可以无限地外推到所有其他层次的现象。换句话说,以前的宇宙理论假设世界是由有限的不变的永恒的基本元素构成,知识的最终任务就是发现这些基本元素和普遍的自然力量,把它们解释为物理属性和相互作用,用理论中的数学方程去描述它们,它们不同于直接经验到的感觉性质、知觉形式和世界中所发生的事件。即以往的理论认为,"实在"就是"物自体"(things in themselves),它不同于呈现在人们面前的现象世界。如果我们拥有任何实际的知识,那是因为我们的理论符合这种实在。理查德·施莱格尔认为,这种传统的假设现在已经被现代科学的发展所否定。爱因斯坦的相对论指出,某些概念如超出了其限制范围就不再适用。如时空维度上的值在某个坐标系内是不变的,但在观察者相对它们运动的坐标系里就有不同的值。在某一坐标系内不变的同时性,在相对其运动的坐标系里就发生了改变。例如,我们看到天空中的星星,以为我们看到的是它们现在的状态,其实它们是来自不同时间的遥远的光信号。在经典力学的宏观低速领域,人们可以精确地预测子弹、导弹和宇宙飞船的轨道,因为在此领域人们可以同时精确地测量位置和动量、能量和时间的值。但是到了亚原子的量子力学领域,当能量、质量、频率和波长的值接近普朗克常数时,上述值就不能同时被精确地测定。以前人们认为一种物理理论正确与否,主要是看它是否和实在一致,但到了量子领域,物理实在就不是预先形成的或预先确定的;亚原子层面的矢量状态是各种属性的叠加,对它们的决定取决于实验和测量手段,它们是不确定的,是相互作用的。科学家在其研究中不仅仅是观察者,还是物理性质实现的积极参与者。量子状态及其值并不是预先存在的,而是量子客体和仪器相互作用的共同产物。因此世界对人类的展现取决于人类感觉器官和自然环境的相互作用(同上,275—278)。

理查德·施莱格尔认为,20世纪的科学发展动摇了人们以前拥有的可能获得绝对知识或终极知识的信心。神经科学家和哲学家在试图解释或把意识经验还原到神经过程中陷入了困境。量子现象本身也是难以理解、不能图像化的,因为量子既是粒子又是波,存在于不确定的统计的叠加状态中。而且,所有试图发现自然实在的"基本元素"或"宇宙之砖"的努力,如费因曼(Richard Pillips Feynman)图或散射矩阵理论所描述的那样,伴随着新的粒子或能量的发现,导致了所声称的基本实体的消灭(同上,279)。正如波普尔所说:

> "长期以来,本质主义被各方(包括其实证主义的对手)等同于这样的观点,即认为科学(和哲学)的任务就是要揭示现象背后的终极的潜在的实在。现在人们终于明白,尽管存在这样的潜在实在,但没有一个是终极的;尽管比起其他实在,某些实在处于更深层次上。"(Schlagel, 1986:280)

理查德·施莱格尔指出,传统的世界观认为,世界由有限数量的基本粒子和结构组成。但是最新的科学发展得出这样的结论:世界是由在某些条件下"真实存在的"无数的各种各样的实体和过程构成的无数的与境组成。每一个领域的可发现的现象依赖于由背景条件和下层结构组成的更为基本的基质。在更为广泛更为深层的与境的无穷系列中,除了绝对的实在总体,没有一个与境是终极的(同上)。正如玻姆所说:

> "我们假定世界作为一个整体是客观真实的,而且,就我们所知,它有一个可以精确描述、可以分析的,有着无限复杂性的结构。必须在一系列越来越基本、越来越

广泛、越来越准确的概念的帮助下，我们才能理解这种结构。可以说，这个系列为我们提供了有关客观实在的无限结构的越来越好的观点。然而，我们绝不能期望获得有关这个结构的完备理论。因为在科学发展的任何具体阶段，几乎肯定会有比我们可能意识到的还要多的元素……上面描述的观点显然暗示说，不应该把任何理论或任何理论的未来看成绝对的、终极的。"（同上，280—281）

因此物理学家弗里曼·戴森（Freeman Dyson）提出，物理学是不可穷尽的。我们挖掘越深，就会发现更深的层次，而且它在本质上永远朝着各个方向发展（同上，281—282）。这就是与境实在论的基本思想，即所有知识都是相对于有限的条件和与境的，其中某些层次比其他更为基本和广泛。这并不意味着不能获得可靠的知识或可以证实的真理。事实上，某些与境相对自主、相对实在，使得获取自然在这些条件下展现的确定的知识成为可能。与境受到的限制越大，知识也变得越确定（同上，282）。

理查德·施莱格尔指出，常识实在论者认为日常的宏观世界是真实的世界，而有关物理实在的科学概念是可疑的或虚构的（尽管它有解释的价值）。激进的批判实在论者认为科学对世界的表征是真实的，而日常的宏观世界只是主观的现象(尽管它有认知的存在先在性)。但是两种实在论者都没有认识到我们今天所面对的世界的复杂性。当代科学提供了大量的证据,证明了日常现象下的某些深层结构。所以否定宏观世界下面的实在性是荒谬的。反过来,日常的宏观世界是一切科学探索的起点和终点,否定它的客观实在性也是不合理的。因此,在与境实在论者看来,上两种与境都有相对于某些条件的某种程度的自主性或实在性。与境实在论要考虑所有实在的有条件的或"与境的"存在以及它在这样条件下的自主的或"实在论的"地位(同上,288—289)。

三、与境实在论的基本观点

理查德·施莱格尔指出,与境实在论认为,物理实在包括一系列的层次,每一层次由不同层次的有着独特属性的实体构成。这些属性在某种程度上解释了人们在后面的更高层次上发现的种种结构以及相互作用。当然,它们只是部分地解释了更高层次的领域。这种解释的不彻底性说明在更高层次有不能被充分解释的新的特征突现(emerge)出来。每一层次的发现取决于和日益增加的能量强度相关的研究方式,就像我们借助各种各样的仪器观察一个巨大的球体,我们越是深入其内部,就会发现其内部结构变化越大。外层越是生动,越是包括性质和形式的最丰富的多样性以及相互联系的多样性;层次越深,和层次联系的复杂性和多样性的程度就越低;

随着层次的深入,复杂性逐渐下降,但元素之间的简单性、统一性和融贯性逐渐提高,更容易得到理解。每一个与境都是自主的,尽管层次之间的明确的相互作用和相互联系为更深层次的或更充分的解释提供了基础。正是这些通过经验发现的必然联系构成了我们的科学知识。这个庞大球体的基本特点就是,从知觉上和概念上,不可能从一个层次连续地过渡到另一个层次。随着我们借助工具深入到更深的层次,新层次的实体又会突现出来。所以,一方面,更深层次为上一层次提供了解释,但由于缺乏连续地过渡,我们不能充分地解释较高的与境是如何获得以及为什么会获得它们独特的性质、属性和形式的(Schlagel,1986:294)。

这就是与境实在论。它主张实在世界是由不可穷尽的不可还原的与境或层次组成的。理查德·施莱格尔认为,这种与境实在论是和当前科学成就完全一致的。也许在未来这种与境实在论可能会被其他模型所取代,但是与境实在论的基本思想,即宇宙由许许多多领域的无穷尽的联系所组成,有着数不清的结构和特点,是不会变的。迄今为止,实验和理论建构通过我们认知的和语言的框架,为我们窥视这种实在提供了最成功的手段,但它们绝不是最终的手段。人类对自然深处奥秘的探索是永无止境的(同上,295)。

实际上,与境实在论认为我们当前的科学理论对世界的描述是真的。科学理论描述的世界是由不同层次的与境组成的,每个层次有该层次的实体,每个层次的实体有其独特的属性、相互联系、条件和过程,与境就是每一层次的实体及其属性、联系、条件、过程的总和。这些都是真的。而且,每一层次的与境可以从下一层次与境得到解释,但不能得到充分的解释或完全还原到下一层次,因为每一层次与境有自己突现出来的独特的新的特点。此外,我们目前对某一与境的实体的认识都不是终极的。随着科学的发展,我们可以找到更深层次的与境和实体。虽然认识会不断更新、不断深入,但是这种世界由不同层次与境构成的模式是不会变的。

第四节　结构实在论

在许多科学实在论者和反实在论者看来,结构实在论是为科学实在论辩护的最好的策略。结构实在论也是目前在科学哲学中讨论最多、争论最激烈的实在论理论。所以本章将重点放在这里,本节篇幅大于其他各节。詹姆斯·雷迪曼在《斯坦福哲学百科全书》中撰写的"结构实在论"(structural realism)对结构实在论做了全面详细的介绍。这里择其要者概述之。

科学实在论是约翰·沃勒尔在 1989 年为了打破科学实在论和反实在论争论的僵局,同时吸取争论双方的长处("the best of both world", Ladyman, 2014)而提出的。在讨论菲涅耳的以太理论到麦克斯韦的电磁场理论的转变时,约翰·

沃勒尔这样说道:

> "在菲涅耳到麦克斯韦的转移中,有一种重要的连续
> 性的因素——这不仅仅是把成功的经验内容转移到新的
> 理论中去。同时,它也不是把所有的理论内容或所有的
> 理论机制(即使以近似的形式)转移过去……转移中有种
> 连续性或积累,但是这连续的是某种形式或结构而不是
> 内容。"(同上)

所以,在约翰·沃勒尔看来,我们既不要像标准的科学实
在论那样,断言我们最佳理论所描述的造成我们观察现象的
不可观察实体的性质是真的,也不要对科学持反实在论立场。
我们应该采取结构实在论的立场,在认识论上只承认理论的
结构的或数学的内容,因为在理论变化中有结构的保留。结
构实在论放弃说理论是对世界的描述,从而避开了悲观归纳
论,但坚持说在经验内容之上的理论结构描述了世界,从而不
使科学成功成为奇迹。

约翰·沃勒尔提出的结构实在论引起了许多哲学家的重
视,人们在他的基础上提出了许多形式不同的结构实在论。
人们用结构实在论的眼光回顾科学哲学,发现有不少著名的
科学家、哲学家都有结构实在论的思想,他们当中有彭加勒、
迪昂、卡西尔、石里克、罗素和卡尔纳普。

詹姆斯·雷迪曼把结构实在论分为两类。一类是认识论的结构实在论;另一类是本体论的结构实在论。前者认为我们只能认识不可观察世界的形式或结构,但无法认识其内在的本质;后者认为既然实体是不可认识的,那么实体就是不存在的。世界上存在的只有形式或结构,或者说各种关系。曹天予对这两种结构实在论,特别是对后一种进行了批判,提出了自己的结构实在论构想,被称为综合的结构实在论或综合的本体论结构实在论。现把结构实在论分为三类分别进行阐述。

一、认识论的结构实在论

通常人们把约翰·沃勒尔提出的结构实在论称为认识论的结构实在论(epistemic structural realism,简称 ESR)。认识论的结构实在论认为科学理论仅告诉我们有关不可观察世界的形式或结构,没有告诉其本质。至于不可观察事物的本质是由于某种原因不可认识,还是根本就不存在,约翰·沃勒尔没有做出正面回答。所以雷迪曼质疑:约翰·沃勒尔的结构实在论究竟是对科学实在论的形而上学的修正,还是认识论的修正。但是从约翰·沃勒尔对彭加勒论述的引用中不难看到,他的结构实在论是从认识论上对科学实在论的限制,即除了结构其他一概不知。彭加勒认为,过去理论只是反映了真实物体的真实联系,但对于真实物体的本质,我们永远无法知道(彭加勒,2006:131—132)。因此,有人说,结构实在论是对科学实在论的认识论修正。即科学理论只告诉我们不可观察对象带来的关系,对于不可观察对象的本质我们不做判断。所以,普西洛斯说结构实在论是有限制的科学实在论(Ladyman,2014)。认识论的结构实在论有许多形式,雷迪曼把它们概括为三类:

(1) 第一类认为,我们不能认识充实世界结构的个体(individuals),但是我们能够认识它们的属性和联系。

(2) 第二类认为,我们不能认识个体和它们内在的非联系的属性,但是我们能够认识它们一阶联系的属性。

(3) 第三类认为,我们不能认识个体、它们的一阶属性和联系,但是我们能够认识它们联系属性的二阶结构。例如,罗素和卡尔纳普就持有这种极端的观点,认为我们只能认识世界的逻辑特点(同上)。

普西洛斯把达到认识论的结构实在论的路线分为“上行路线”和“下行路线”。“上行路线”是从经验的认识论原则出发得到外部世界的结构知识。“下行路线”就是像沃勒尔建议的那样,通过削弱标准的科学实在论达到结构实在论。普西洛斯批评了这两种路线。罗素从三个认识论原则走上了“上行路线”。这三个原则是:第一,我们只能接触到我们的感觉(艾耶尔所说的“自我中心困境”);第二,不同的结果有不同的原因(普西洛斯称为赫姆霍兹-韦尔原则,Helmholtz-Weyl principle);第三,感觉之间的联系和它们的原因之间的联系有相同的、逻辑的、数学的结构。这导致了罗素认为,科学只能达到同构地描述世界,我们只能认识世界结构的二阶同构而不是结构本身(Ladyman,2014)。许多赞同认识论的结构实在论者认为,结构实在论需要实体实在论,因为从本体论上说,个体及其属性是先于其联系的结构的。

认识论的结构实在论和康德主义有联系。詹姆斯·雷迪曼认为,彭加勒的结构主义就具有康德色彩。例如,彭加勒认为科学理论提出的不可观察实体就是康德的本体或物自体。他修正了康德的观点,认为后者不是根本不可认识而是可以通过它们进入的联系来间接地加以认识。一方面,彭加勒从新康德主义的目标(从私人感觉印象的主观世界中恢复客观的或主体间的世界)出发,通过"上行路线"到达结构实在论。另一方面,他又从"下行路线"到达结构实在论。他认为科学史可以在关系层面而不是客体层面看成是积累的。例如,从卡诺(Nicolas Léonard Sadi Carnot)的热力学到克劳修斯(Rudolph Julius Emmanuel Clausius)的热力学,本体论发生了变化,但是热力学第二定律保留了。虽然约翰·沃勒尔没有直接说彭加勒的结构实在论有康德色彩,但是许多赞成认识论的结构实在论的哲学家思想中都明显地有新康德主义的某些痕迹。如扎哈(E. Zahar)认为科学只能告诉我们本体世界结构的知识,实体的本质和属性我们是无法认识的。彼得·昂格尔(Peter Unger)认为,我们关于世界的知识纯粹是结构的,感觉特质(qualia)是实在的非结构组成部分。弗兰克·杰克逊(Frank Jackson)认为,科学只能揭示物理对象的因果关系的属性,我们无法知道世界的内在本质,只知道其因果关系的性质。雷·兰顿(Rae Langton)认为,科学只揭示物理对象的内在属性,而它们的内在本质甚至世界的内在本质,是无法认识的(同上)。

认识论的结构实在论和拉姆齐语句(Ramsey sentences)也有联系。格罗弗·麦克斯韦希望科学实在论在理论术语上和"概念经验主义"相容,从而能够在认识论上解释我们怎么能够接近不可观察实体。在麦克斯韦看来,理论可以讨论各种我们并不熟悉的实体和过程。正如罗素所说,其理由是我们可以通过描述来认识它们,即可以通过它们的结构属性来认识它们。这就是对我们认识它们的限制:理论术语只能纯粹从结构上来理解。麦克斯韦用拉姆齐语句来解释为什么说理论的结构囊括了理论术语的认知内容。拉姆齐(Frank Plumpton Ramsey)用存在的量化的谓词变量来替换理论术语,从而消除了理论中的理论术语。如果我们用拉姆齐语句替换了一阶理论中断言的合取,那么理论中的观察内容依然保留,但是对不可观察实体的直接指称就被消除了(同上)。

用一阶语言来表述理论:$\Pi(O_1, \cdots, O_n; T_1, \cdots, T_m)$,其中$O_s$是观察术语,$T_s$是理论术语,相应的拉姆齐语句为:

$\exists t_1, \cdots, t_m, \Pi(O_1, \cdots, O_n ; t_1, \cdots, t_m)$。因此，拉姆齐语句只是断言，存在某些客体、性质和关系，具有某些逻辑特点，满足某些不言而喻的定义。这是更高阶的描述，最终把理论的理论内容和观察行为相联系。然而，拉姆齐语句并没有消除理论实体，它们依然存在，不过就是不直接用理论术语而是通过描述来指称它们，只不过那些指称用我们熟悉的术语替换了那些理论术语。所以麦克斯韦和罗素认为，关于不可观察领域的知识仅限于其结构而不是关于其内在属性，或者说仅限于其高阶属性。这还不算纯粹的结构论，因为这里的结构概念被用来指称理论的高阶属性(同上)。

认识论的结构实在论只是为科学实在论的本体论承诺辩护，不是要修改其本体论承诺。根据这种观点，客观世界由不可观察客体组成，我们只能认识它们之间的某些属性和联系，即客观世界的结构。当然，这种观点也遇到了许多困难。早在 1928 年纽曼(James R. Newman)就指出，结构不足以从世界联系中进行选择。假设世界由一组客体组成，其结构 W 对应于某些联系 R，但对于这些客体我们一无所知。任何事物的集合都可以具有结构 W，只要它们数量相同。这是因为每一联系都意味着有某些子集的存在。有了子集存在，才有子集间的联系。因此戴福瑞(William Demopoulos)和弗里德曼(Michael Friedman)指出，把理论还原到拉姆齐语句等于把它还原到它的经验结果。所以"罗素的实在论最终陷入了某种版本的现象主义或严格的经验主义:所有具有相同观察结果的理论同样是真的。"(Ladyman，2014)同理,简·英格利希(Jane English)指出,两个不相容的拉姆齐语句的所有观察结果不可能都相同。因此,用拉姆齐语句来处理理论,结果是理论的等价变成了经验的等价。戴福瑞说,同样考虑表明结构经验论把真理变成了经验适当性。沃特西斯(Ioannis Votsis)认为,纽曼论证的结论根本不能破坏认识论的结构实在论。此后,有许多哲学家对拉姆齐语句和认识论的结构实在论的关系进行了大量的讨论(同上)。詹姆斯·雷迪曼认为,从总体上看,结构实在论的认识论形式对科学实在论的改进并不大,结构实在论是解决理论变化问题。而如麦克斯韦指出,他的结构实在论纯粹是语义的和认识论的理论。拉姆齐语句挑选出的就是和原来理论中完全相同的实体,它不依赖指称,而是把指称变成整体理论的一个函数,根本没有触及历史主义提出的本体论不连续性问题。所以许多哲学家指出,在许多问题上拉姆齐语句对结构实在论者毫无帮助。因此结构实在论应该从形而上学上考虑,而不仅仅是认识论上的修正(同上)。

二、本体论的结构实在论

综上所述,认识论的结构实在论者认为,对于不可观察的实体,我们无法认识,只能认识其结构和联系。正如约翰·沃勒尔所说:"根据结构实在论的观点,牛顿真正发现的是在他的理论中用数学方程表达的现象之间的联系。"(同上)因此,有哲学家认为,如果科学理论变化中具有连续性的是形式或结构,那么我们就应该放弃说理论是对客体及其属性的指称,而改用其他术语来解释科学的成功。有的干脆明确说真实存在的只是各种形式和结构。这种观点称为本体论的结构实在论(ontic structural realism,简称为 OSR)。如霍华德·斯坦(Howard Stein)就说过:

"我们的科学接近理解'实在',不是解释为'物质'及其种类,而是解释为现象'模仿'的'形式'('形式'可以解读为'理论结构','模仿'可以解读为'被表征')。"(同上)

大致说来,认识论的结构实在论认为,我们所知的是事物之间联系的结构而不是事物本身,相应的本体论的结构实在论则认为,事物根本不存在,只有结构存在。范·弗拉森将这种观点称为激进结构主义(同上)。

弗伦奇(Steven French)和雷迪曼提出了本体论的结构实在论,来描述下述两个问题引发的结构实在论的形式:(i)量子和时空点的身份(identity)、个体性(individuality)和纠缠(entanglement)问题;(ii)科学表征,特别是物理学中的模型和理想化的作用问题。后来有许多哲学家讨论了与此相关的问题。

　　本体论的结构实在论者认为，从当代物理学中我们知道，空间、时间和物质的本质与有关个体、内在属性和联系之间的本体论关系的标准的形而上学观点是不相容的。从广义上说，本体论的结构实在论是以强调结构和关系的本体论优先的本体论或是以形而上学主题为基础的结构实在论。根据其主张的观点不同，本体论的结构实在论大致有下列几种形式：

　　1. 取消主义：没有个体，只有关系结构

　　这种观点的代表人物是弗伦奇和雷迪曼。"取消主义结构实在论"这种标签来自普西洛斯。许多哲学家对此立场提出了批评。批评者认为没有关系承载者（relata），就不可能有关系（relations）。批评者中主要有曹天予、多拉托（Mauro Dorato）、普西洛斯、布施（Jacob Busch）、莫尔甘特（Matteo Morganti）和查克诺瓦提。查克诺瓦提说："一个人不可能理智地赞同关系的实在性，除非他承认这个事实，即某些事物相关。"（Ladyman，2014）换句话说，问题是，你怎么可能拥有没有个体的结构？或者具体地说，我们怎么能够谈论一个组而不涉及组的构成要素？即使许多同情本体论的结构实在论者也不能理解没有关系承载者的关系这种观念（同上）。

　　但是，雷迪曼认为，至少有两种方式可以理解没有关系承载者的关系。

　　（1）普遍的观念。例如，当我们用"大于"这个词提到某种关系时,正是因为我们对其形式属性感兴趣。这些属性是独立于其实体化(instantiation)的可能性(contingencies)的。说存在没有关系承载者的关系,也许是追随柏拉图说现象世界不能恰当地视为知识内容的一部分。这种本体论的结构实在论的柏拉图版本也许就是霍华德·斯坦心里所想的:

> ……如果有人仔细考察现象是如何被量子理论表征的……那么……用"实体"和"属性"来解释可能被看成高度可疑的……我认为,重要的问题涉及形式……和现象的关系,而不是(假定的)属性和(假定的)实体的关系……(同上)

(2) 进一步分析说明,某个关系的关系承载者结果总是关系的结构本身。施塔赫尔(John Stachel)认为整个实在都是关系。谢弗(Jonathan Schaffer)认为实在没有基础层次(同上)。

总之,雷迪曼认为,取消主义并没有要求没有关系承载者的关系,只是要求承载者不是个体(individuals)。如弗伦奇(Steven French)和克劳斯(Decio Krause)认为,量子和时空点不是个体,但它们是最小意义的客体(objects)。他们创造出一种非经典的逻辑,这样非个体的客体可以是一阶变量的值,但是同一律("对于所有 X,X 等同于 X")不成立。同样,"X

不等同于 X"也不成立。乔纳森·贝恩(Jonathan Bain)认为，对激进的本体论的结构实在论的批评无意地依赖了集合论的结构范畴。对本体论的结构实在论的范畴理论的表述对于解释物理理论特别是广义相对论的结构很有帮助(同上)。

2. 存在这样的关系，它们并不随附(supervene)于其关系承载者的内在的和时空的属性

用强的非随附关系解释量子力学的纠缠态的说法可以追溯到克莱兰(Carol Cleland)。但是，说可能存在这样的关系，它们不随附于其关系承载者的非关系的属性，这种说法和一些哲学家根深蒂固的思想是相对立的。结构的标准概念既非集合论的，也非逻辑的。这两种方式常常假定结构基本上是由个体及其内在属性构成的，所有的关系结构随附于其上。保罗·特勒(Paul Teller)把这种概念结构反映世界结构的观点称为"特殊主义"(particularism)，戴珀特(Dipert)则称之为"专一的单子论"(exclusive monadism)。许多哲学家持有这种观点，其中包括亚里士多德和莱布尼兹(同上)。

时空关系常常不包括在这种观点中，因为客体位置内在于它本身的观念是和非常强的实体论(substantivalism)相联系的。因此，标准观点认为，个体之间的关系不包括它们的时空关系，随附在关系承载者及其时空关系的内在属性上。这就是大卫·刘易斯(David Lewis)所说的休谟随附性：

"对于世界而言,所有的只是大量的具体事实的局部(local)事物的巨大拼图(mosaic),只有一个又一个小东西……我们有几何学:关于(空间与时间、点物质、以太、场或以太和场的)点与点之间的外部的时空距离关系的体系。而且在这些点上,我们有局部性质:完全自然的内在属性。这些属性只要小小的点展示自己,……其他一切随附其上。"(Ladyman,2014)

蒂姆·莫德林(Tim Maudlin)在量子纠缠的基础上反驳了刘易斯的休谟随附性,他认为这意味着本体论还原的终结。这种说法抛弃了实在的组合观念(即认为世界是由相互独立的"宇宙之砖"组成的观念)。他指出:"世界不是一组仅有空间和时间的外部联系的分离存在的局部化的客体。"(同上)同样,本体论的结构实在论提倡者,如埃斯菲尔德(Michael Esfeld)、弗伦奇和雷迪曼,则强调量子纠缠暗示的非随附的关系破坏了大多数传统的形而上学观点赋予个体的本体论先在性(priority)。某些关系至少在本体论上等同于个体,所以要么关系在本体论上是基本的,要么它既不是基本的,也不是第二层次的。埃斯菲尔德和奥利弗·普利(Oliver Pooley)两人持后一种观点。埃斯菲尔德走得更远,声称如果存在内在属性,那么它们在本体论上是第二层次的,是关系属性的衍生物(同上)。

3. 个体的客体没有内在属性

根据这种观点,特殊种类的个体的客体在性质上都是相同的。它们不是因个体性(haecceity)和基本的此在性(thisness)而个体化。经典粒子常常被认为是这样的。经典粒子之所以看成如此,因为如果坚持不可入性原则的话,两个这样的粒子就不可能有完全相同的时间、空间属性。当自然科学只能量化研究属性时,经验主义者提出了个体化的束理论(the bundle theory)来解释物理客体的个体化。这是标准的形而上学立场,它说明没有比本体论的结构实在论更为激进的观点。有趣的是,根据这种观点,不可分辨者的同一性原则(the principle of the identity of indiscernibles)(不涉及属性的同一)似乎是成立的。如果这样,那么就有某些属性(也许包括时间、空间属性)把每一物体与其他物体区别开来,物理对象的同一性和个体性可以还原为有关它们的其他事实。这一观点受到了许多哲学家的质疑。他们认为这种立场的结构实在论的论证是证据不充分的(同上)。

4. 存在个体的实体,但是它们没有任何可以还原的内在属性

迈克尔·埃斯菲尔德认为,关系要求关系承载者,但是那些物体并没有内在属性处于它们所处的关系之上。他指出,存在物体和关系,但它们中没有一个在本体论上是基本的或第二层次的。这样,所有个体的客体的属性是相对其他客体

的关系。埃斯菲尔德把这种观点称为"适度的结构实在论"。它避免了上面 1 的取消主义问题,包含了 2 和 3 的观点。而且任何版本的 4 和 3 的结合,都会使得个体的实体在本体论上依赖关系结构(同上)。

贝纳塞拉夫(Paul Benacerraf)认为,不可能存在只有结构属性的客体。达米特(Michael Dummett)把认为存在这样的客体的观点称为"神秘主义"。布施则在结构实在论的语境中对其进行了批判。在雷迪曼看来,这些反对意见可以追溯到罗素那里:

> "序数不可能如戴德金(Julius Wilhelm Richard Dedekind)所建议的那样,只是构成级数的关系的术语。如果它们是什么东西的话,那么它们就应该内在地是什么东西;它们必须不同于其他实体,就像点不同于瞬间、颜色不同于声音。戴德金想要表明的,大概是一种来自抽象原则的定义……但是一个这样形成的定义,总是表明某类实体,它们……有自己的真正的本质。"(Ladyman, 2014)

5. 关于客体的同一性和差异性的数据(facts)在本体论上依赖于它们是其组成部分的关系结构

桑德斯(Simon Saunders)认为,存在不可分辨者的同一性原则的弱化形式,甚至在上述单态的电子上也可满足。"弱的可分辨性"这个概念适用于满足非反身关系(对任意 x,不能得到 xRx 的关系)的客体。电子在单态时具有反向自旋的关系显然就是这样的非反身关系。所以桑德斯说,根据莱布尼茨定理,有非反身关系 aRb 就意味着有不同的关系承载者 a 和 b 的存在。电子是个体的,虽然它们是个体,但是它们的个体性是由它们之间的关系来解释的(同上)。

这种说法和通常的思维方式相反。人们通常认为,个体存在于空间和时间之中,它们相互独立而存在。这些个体的同一性和差异性和它们之间的关系无关。施塔赫尔把这称为"内在个体性"。人们广泛认为,个体之间的关系不能区分那些相同的个体:"关系预设了数字的差异,所以不能解释它"。这样说的意思是,没有在形而上学上先于关系的相互区别的个体,就没有什么处于反身性关系中。人们假设是这种反身性关系把个体性赋予关系承载者。罗素曾经讨论过这个问题,后来有不少哲学家也讨论了这个问题。桑德斯和施塔赫尔指出,有关费米子(fermion)的同一性和差异性数据不是内在的,只有依赖它们所进入的关系才能获得。根据这种观点,量子的个体性在本体论上等同于或仅次于它们所处的关系的结构。施塔赫尔称此为"语境个体性"并把这扩展到时空点(同上)。

莱特格布(Hannes Leitgeb)和雷迪曼发现,在数学结构中,没有什么能排除这种可能性,即一个结构中的客体的同一性和差异性是结构整体的一个基本特点。这种特点尚未得到解释。雷迪曼也讨论了这种基本的语境个体性。问题是迄今没有人讨论:根据语境的观点,客体的同一性和差异性究竟是依赖整个结构还是结构中的一部分?

6. 没有独立存在的(subsistent)客体,关系结构在本体论上是独立存在的

这一观点和量子整体主义有关。这种观点可以从上面的 3 和 4 的合取中得出,或可从 5 得到。本体论上独立存在(subsistence)的基本思想指的是某物无需他物存在就能存在。本体论上依赖和本体论上独立存在等观念,常常用于讨论结构主义(structuralism)。凯利·麦肯齐(Kerry McKenzie)用法因对本体论依赖的分析反驳取消主义的结构实在论,主张建立在粒子物理学中的案例研究之上的适度的结构实在论(同上)。

7. 个体的客体是建构的

弗伦奇和雷迪曼认为,个体只有启发性(heuristic)作用。彭加勒也认为:“我们的感觉为我们提供的大致的东西,只不过是弥补我们弱点的拐杖。”(同上)雷迪曼和劳斯(Don Ross)则认为,客体只是人们为了在空间和时间领域定向,为了建构对世界的近似表征的实用主义的装置而已。任何赞同上面 1 提到的取消主义的人,同样会为指称和概括科学中客体的点

和值提供非特设的解释。例如,认知科学可能表明,如果不假设个体为结构的承载者,我们就无法思考某些领域。乔安娜·沃尔夫(Joanna Wolff)谈到客体和结构之间的关系时说,前者不能还原到后者,但是客体在本体论上依赖结构的说法也许可以为本体论的结构实在论辩护(Ladyman,2014)。

三、综合的结构实在论

曹天予对弗伦奇和雷迪曼的本体论的结构实在论进行了批判,并在批判的基础上提出了自己的综合的结构实在论。

1. 对弗伦奇和雷迪曼的本体论的结构实在论的批判

曹天予认为自己的观点与弗伦奇和雷迪曼有两个相同之处,即他认为:第一,为了对付库恩的损失⑥,结构实在论的辩护必须在本体论层面和认识论层面展开;第二,结构实在论必须考虑本体论。在结构实在论问题上,曹天予与弗伦奇和雷迪曼有很大分歧,其中最大的分歧是在本体论层面。他认为,弗伦奇和雷迪曼把物理实体化解为数学结构,实际上是使结构实在论走向了柏拉图(Plato)的唯心主义。他从下面几个方面进行了批判。

(1)关于结构和实体。

曹天予指出,一般的物理学家认为物理世界是由物理实

---

⑥ 指库恩提出的科学史中理论变化中的不连续性。

体组成的。而弗伦奇和雷迪曼认为，这样说是有问题的。实体的性质，如个体性或实在性，是无法为我们所知的，至少是不决定的，特别是在量子物理学的语境中。这种没有根据的赋予物理实体以实在性的说法，已经遭到了库恩等反实在论者指出的科学发展在本体论上不连续的反驳。因此，科学实在论者唯一的办法就是到形式、结构中避难，就像沃勒尔及其追随者所做的那样，说我们有关结构的知识在激烈的理论变化中幸存下来了。但是他们注意到，那些实在论者没有解决库恩的本体论问题，即世界上到底什么存在，这是实在论的关键问题。弗伦奇和雷迪曼认为，如果我们把结构而不是实体作为世界的本体，那么库恩的本体论问题就迎刃而解了。他们反对说在理论变化保留的共同结构之上有某些客体存在的观点。他们这样说："如果实体没有消融在结构中，那么留下的是什么？"（Cao，2003：58）所以，曹天予认为，有必要先弄清楚："结构是什么？"

在曹天予看来，在讨论结构是什么之前，必须先分清两种结构，即数学结构和物理结构。但是，弗伦奇和雷迪曼认为，如果实体消融了，那么我们只有结构，那么数学结构和物理结构之间的区别也模糊了。曹天予认为，他们两人模糊物理结构和数学结构的目的，是为了把前者消融于后者，从而取消物理结构。但是，他们忽略了两个重要事实。第一，数学结构、逻辑结构或集合论结构作为形式的结构，如果没有另外的输入,就无法处理世界性质方面的问题,因此在因果上是无效的。相反,物理结构,如超导体、原子和核子,则总涉及性质,因而在因果上是有效的。第二,所有形式的结构都纯粹是关系的,因为其作为占位者的关系承载者的存在,完全是从它们在本体论基本结构中的功能和位置方面推导出来的,不能被视为在本体论上是独立存在的(subsistent)。相反,物理结构只能被定义为其本体论基本构成成分的结构,由其组织规律决定其特点。这些组织规律支配了构成成分的行为,并把它们组织成结构。没有组成成分的预先存在,物理结构就是不可定义的,而且在此讨论层面上认为组成成分是没有结构的观点是正确的(同上,58—59)。

弗伦奇和雷迪曼提出,由于"因果关系构成了世界结构的基本特征","本体论上基本的因果结构"应该包含在物理实体消融于其中的结构之中。这些因果结构"并不随附在不可观察客体的特性和它们之间的外部关系上"。曹天予反驳道,确实没有因果关系我们就无法理解世界的结构,但这仅仅是因为这些关系构成了世界的基本的或普遍的特征,而不是因为它们就是世界本身或者物理实体消融于其中的真实世界的一部分。我们可以利用因果结构来理解和描述世界,正如我们利用数学结构那样,但这并不意味着这些普遍性已经穷尽了本体论上最基本的具体情况。事实上,因果结构过于普遍,难以确定世界上任何具体结构。也没有一个库恩主义者会同意说本体论的连续性仅仅是因为因果结构或数学结构在所有科学理论中的普遍存在。理由很简单,这些普遍结构不是本体论或本体论的组成部分(Cao,2003:59)。

弗伦奇和雷迪曼提出,结构关系承担了所有本体论的内容,物理实体只是起启发作用,启发我们应用数学,把我们带到结构面前。一旦我们得到了结构的知识,客体就可以不要了。如果客体的所有"可观察的"特性能够在结构术语里得到表征,那么留下来的本体论残余的性质是什么?如果不是数学的、形式的或因果的结构,那只能是康德的不可知的物自体(同上)。

曹天予认为,弗伦奇和雷迪曼的论证有三个问题。第一,如果没有诠释,数学结构就没有任何物理意义。在物理理论中,如没有具体的表征,抽象的集合(group)也就没有物理意义,否则就像想象没有猫却有猫的露齿而笑;第二,虽然数学结构的意义可以纯粹关系的方式穷尽,无需假设关系承载者的存在,但物理结构(本身可视为实体)却是开放的,不可穷尽的,在本体论上预先假定了其组成成分的存在;第三,也是最重要的,数学结构(如波动方程)如果没有物理输入(因果效应的和性质上相关的属性,如电磁属性),尽管可用于描述物理实体(如电磁场)的行为,但其本身无法解释和预测任何物理现象(如光)(同上,59—60)。

但是,问题是,如果物理实体的所有的属性、关系和行为都只能用结构术语来描述,那么如果我们除去了所有结构术语,剩下还有什么? 或者说,一个真实的实体超越数学结构的本体论内容或形而上学性质是什么?

曹天予从两个方面回答了这个问题。从简单方面看,数学结构必须用物理术语来诠释,从而获得具有因果效应的和性质上不同的物理属性。也就是说,我们关于物理实体的结构知识基本上是用物理陈述来表达的。所有的数学陈述,如果要物理相关,必须转译为物理陈述。从复杂方面看,根据一组结构陈述设想的一个物理实体,作为这组陈述总体上所描述物的承载者,具有新的特点。这个特点是这组陈述中每一陈述都没有的。作为这组陈述的等级结构配置的整体特点的固化,这实体相对稳定,除了那些改变核心陈述、重置核心和周边陈述从而改变整体配置的定义特征的变化外,它能承受其他所有变化。

因此,一个真实的实体超越数学结构的本体论内容或形而上学性质,是"用于描述一个物理实体的一组结构陈述配置的整体特征"。这些特征是由与那些陈述相关的功能(必要与否)和位置(核心与否)的具体配置所规定的。

因此,从结构路向到不可观察实体所需要的,不是把物理实体消融于结构陈述,更不是消融于纯粹形式的和关系的逻辑数学结构,而是从我们的结构知识中导出不可观察实体的概念。或者说,这种路向证明了从结构知识得出可修正的不可观察实体的概念。这样设想的实体和从我们的感觉得到的那些实体(如桌子、椅子)具有相同的实在地位(同上，60—61)。

因此，在曹天予看来，物理结构是一种真实的结构。数学结构通过和物理结构的联系而获得物理意义。人们通过物理结构来设想不可观察实体。实体对于结构具有本体论上的先在性。

(2) 微观实体的不充分决定性问题。

曹天予认为，弗伦奇和雷迪曼的本体论的结构实在论从卡西尔那里继承了两个假设。第一个假设是微观实体的形而上学本质是不充分决定的(underdetermined)。第二个假设是微观实体是不可接触的(inaccessible)。曹天予认为这两个假设都是有问题的。他认为，对于隐藏实体的本质和形而上学特征问题，只能通过经验来回答。因此，他根据量子力学的研究成果对这两个假设进行了批评。

弗伦奇和雷迪曼求助于几个例子来支持第一个假设。他们的最基本的例子，就是有关量子力学中的一个重要的形而上学范畴——个体性的不充分决定性(underdetermination)的例子。曹天予反驳道，根据斯特劳森(Peter F. Strawson)的标准，在量子力学中，如果一个实体是可分辨的(identifiable)、可反复分辨的、可和其他类似者相区别的，则一个实体的个体性或非个体性则是经验地可以接触的(accessible)、可以决定的。

理由是,形而上学的本质具有可以展现在统计结果中的经验后果。个体给出的结果可以通过玻尔兹曼统计(Boltzmann's statistics)来计算;非个体给出的结果可以通过量子力学中的玻色–爱因斯坦规则(Bose-Einstein rule)或费米–迪拉克规则(Fermi-Dirac rule)来计算(Cao,2003:62)。

弗伦奇和雷迪曼举的第二个例子来自场论。他们认为,场无论作为其属性展现在时空点的物质,还是除了那些时空点的属性外什么也不是,两者在形而上学上都是不充分决定的。在此,问题的关键是场究竟是实体化的物质还是时空点。曹天予认为如果我们认真研究爱因斯坦对空洞理论的反驳,就可以看到在广义相对论中这个模糊性问题已经解决,而且结论支持场的实体论者的观点。曹天予进一步指出,尽管在洛伦兹(Hendrik Antoon Lorentg)的协变量子场论中,和广义相对论中的情况不同,时空点的指示作用是必不可少的,但场的实体性依然保持(同上,63)。

最后一个例子来自量子场论。这是弗伦奇和雷迪曼反复运用的例子,即"作为相同结构的两个形而上学表征的粒子和场"的不充分决定性。曹天予指出,这一模糊性问题在最近的学术研究中已经得到解决。粒子或场量子,作为场的激发态的表现是场的状态的特征;作为原始场在不同情况下展现的复杂结构特点的现象标志,它们是客观的但不是原始的实体。因此量子场论的基本本体(ontology)只能是量子场。因为虽然我们能从场推导出粒子的所有方面,但是粒子不能穷尽量子场的物理内容。曹天予进一步指出,至少 20 世纪 90 年代以来已经被广泛接受的解释,已经消除了弗伦奇和雷迪曼提出的微观实体的个体性在形而上学上的不充分决定性的论证的整个基础(同上)。

(3) 微观实体的不可接触问题。

曹天予指出,弗伦奇和雷迪曼的结构实在论始终坚持卡西尔所说的把"可接触性"(accessibility)条件作为"经验客体的条件"的要求。有许多假设的客体是不可接触的,根据这个要求,就必须从经验存在领域排除它们。弗伦奇和雷迪曼说得最多的要排除的典型就是电子。他们认为,对于电子,我们不能跟踪其轨迹,不能完全接触它们,那么谈论它们有无确定的严格决定的存在没有意义。

曹天予反驳道,原则上说,如果某物在认识上"完全不可接触",确实谈论它的经验存在是没有意义的。但是为什么要把电子归于这个范畴?为什么我们和电子或其他所有相关的微观实体的不完全接触,仅仅因为这种接触不完全,就应该不予考虑(这种接触是在概念的、理论的和数学的手段帮助下通过实验记录实现的)?如果我们不像卡西尔、弗伦奇和雷迪曼那样,把经典的可接触性(与具有内在属性的实体在空间和时间中的持续存在相联系)作为唯一合理的可接触性,而像物理学家和大多数赞成实在论的物理哲学家那样,有效地利用对微观实体的不完全接触,我们肯定能够用这样获得的结构知识来设想微观世界中的物理实体(同上,65)。

2. 曹天予的综合的结构实在论

曹天予在批判了弗伦奇和雷迪曼的本体论的结构实在论之后,提出了自己的结构实在论。他认为自己的结构实在论不同于认识论的结构实在论和本体论的结构实在论,所以称之为第三种版本的结构实在论。

他总结道,所有的结构实在论者都认为结构是实在的,是认识论上可以接触到的。他们的分歧在于是否承认科学理论研究的结构下有承载的物理实体。认识论的结构实在论承认有,但无法认识。本体论的结构实在论则认为没有。前者对潜在的物理实体持不可知论的态度,主要有两个理由:(i)结构对实体的形而上学的和经验的不充分决定性;(ii)科学史中的本体论不连续性。在这一点上曹天予同意弗伦奇和雷迪曼的观点:不可知论的认识论的结构实在论的形形色色的版本都不能令人满意,如罗素的集合论的结构实在论和麦克斯韦的拉姆齐语句方法(Cao,2003:67-68)。曹天予也与弗伦奇和雷迪曼一样,反对普西洛斯把认识论的结构实在论等同于标准的实在论。但是弗伦奇和雷迪曼认为,传统的实在论使用了非结构的形而上学范畴,如个体性、物质,来描述物理实体的属性。所以传统实在论和认识论的结构实在论对他们的本体论的结构实在论不构成什么威胁。因为他们认为只有数学结构是实在的,在物理发展中具有连续性。曹天予反对普西洛斯则是因为后者没有看到结构路向对于认识物理实体的潜在可能性。曹天予指出,我们应该通过我们的结构的知识来认识潜在的实体而不是把它们消融于数学结构中,我们完全可以通过结构知识以可靠的、灵活的方式设想实体(同上,68)。

所以曹天予的结构实在论不同于认识论的结构实在论:潜在的实体不是永远隐藏,而是可以通过结构知识来接触和认识的。他的结构实在论也不同于本体论的结构实在论:实体不是消融于数学结构中,它们有自己的标识指称和身份。曹天予承认,在某种意义上,他的结构实在论是传统实在论的回归和精炼。它承认理论实体是实在的、可以认识的。但是,他的结构实在论又不同于传统实在论,它没有把物理世界看成由固定的自然种类组成。它以结构主义的方式来设想物理实体的同一性或本质,因此比传统实在论的固定方式更灵活。这种灵活性为容纳巨大的本体论变化,同时保持实在论的连续性观念,提供了广大的概念空间(同上,69)。

曹天予认为,自己的结构实在论在库恩的不连续性上坚持了真正的实在论立场。而认识论的结构实在论和本体论的结构实在论则采取了逃跑政策。前者对潜在的实体采取了不可知论的立场,后者则把它们消融在数学结构中,从而彻底消灭了潜在的实体。这两种结构实在论都把自己限制在结构的讨论中,在数学结构的连续性中避难。它们类似现象主义和工具主义。问题是,它们在考虑中消除了物理实体,同时也消除了物理学家和物理哲学家的一个重要任务,即用物理实体来诠释数学结构,这样就阻碍了我们探索物理世界的更深层次,阻碍了物理科学的深入发展(同上)。

总之,曹天予的综合的结构实在论坚持潜在实体的存在,并认为可以通过结构知识认识它们。结构具有认识论优先的地位,它为我们提供了认识不可观察实体的途径;实体具有本体论优先的地位,结构由实体构成,由实体派生(陈刚,2008:197)。曹天予的综合的结构实在论的实质是用结构实在论改造了传统实在论,从而回应了库恩的本体论不连续性,又排除了认识论的结构实在论的潜在实体不可知论和本体论的结构实在论否定潜在实体存在的观点。虽然曹天予的综合的结构实在论还有不足(同上,190—194),但是他的方向是应该肯定的。我们不能因为只看到结构的连续性而抛弃结构的组成成分,结构总是什么的结构。

参考文献

Anderson, Elizabeth. (2012). "Feminist Epistemology and Philosophy of Science", *The Stanford Encyclopedia of Philosophy* (Fall 2012 Edition), Edward N. Zalta (ed.), URL = ⟨http://plato. stanford. edu/archives/fall2012/entries/feminism-epistemology/⟩.

Arntzenius, Frank. (2010). "Reichenbach's Common Cause Principle". *The Stanford Encyclopedia of Philosophy* (sum2002 Edition), Edward N. Zalta (ed.), URL = ⟨http://plato. stanford. edu/archives/fall2010/entries/physics-Rpcc⟩.

Boyd, Richard. (2002). "Scientific Realism", *The Stanford Encyclopedia of Philosophy* (sum2002 Edition), Edward N. Zalta (ed.), URL = ⟨http://plato. stanford. edu/entries/scientific-realism/2002⟩.

Blackburn, Simon. (1996). *The Oxford Dictionary of Philosophy*. Oxford: Oxford University Press.

Bradley, J. (1971) *Mach's Philosophy of Science*. London: The Athlone Press of the University of London.

Cao, Tian Yu. (2003). "Can We Dissolve Physical Entities into Mathematical Structures? ". *Synthese*, (2003). 136.

Chakravartty, Anjan. (2007). *A Metaphysics for Scientific Realism-Knowing the Unobserable*, Cambridge: Cambridge University Press.

——(2011). "Scientific Realism". *The Stanford Encyclopedia of*

Philosophy (sum2011 Edition), Edward N. Zalta (ed.), URL = ⟨ http://plato. stanford. edu/archives/sum2011/entries/scientific-realism/⟩.

Douven, Igor. (2011). "Abduction". *The Stanford Encyclopedia of Philosophy* (Spring 2011 Edition), Edward N. Zalta (ed.), URL = ⟨http://plato. stanford. edu/archives/spr2011/entries/abduction/⟩.

Fine, Arthur. (1984). "The Natural Ontological Attitude". Jarrett Leplin. (ed.) *Scientific Realism*. Berkeley: University of California Press.

Kukla, André. (2000). *Social Constructivism and the Philosophy of Science*. New York: Routledge.

Ladyman, James. (2002). *Understanding Philosophy of Science*. London and New York: Routledge.

——(2014). "Structural Realism", *The Stanford Encyclopedia of Philosophy* (Spring 2014 Edition), Edward N. Zalta (ed.), URL = ⟨ http://plato. stanford. edu/archives/spr2014/entries/structural-realism/⟩.

Laudan, Larry. (1984). "A Confutation of Convergent Realism". Jarrett Leplin. (ed.) *Scientific Realism*. Berkeley: University of California Press.

——(1996). *Beyond Positivism and Relativism*. Boulder: West View Press.

Leplin, Jarrett. (1984). *Scientific Realism*. Berkeley: University of California Press.

Losee, John. (2001). *A Historical Introduction to the Philosophy of Science*. Oxford: Oxford University Press.

Monton, Bradley and Mohler, Chad. (2014). "Constructive Empiricism", *The Stanford Encyclopedia of Philosophy* (Spring 2014 Edition), Edward N. Zalta (ed.), URL = ⟨http://plato. stanford. edu/archives/spr2014/entries/constructive-empiricism/⟩.

Newton-Smith, W. H. (1981). *The Rationality of Science*. Boston.

Routledge & Kegan Paul.

Okasha, Samir. (2002). *Philosophy of Science——A Very Short Introduction*. Oxford: Oxford University Press.

Procter, Paul. (ed.). (1978). *Longman Dictionary of Contemporary English*. Harlow and London, Longman Group Limited.

Psillos, Stathis. (2007). *Philosophy of Science A-Z*, Edinburgh: Edinburgh University Press.

Psillos, Stathis and Curd, Martin. (ed.). (2008). *The Routledge Companion to Philosophy of Science*. London and New York: Routledge.

Putnam, Hilary. (1982). "Three Kinds of Scientific Realism", *The Philosophical Quarterly*, July 1982.

Reichenbach, Hans. (1971). *The Direction of Time*. Berkeley: University of California Press.

Schlagel, Richard H. (1986). *Contextual Realism——A Meta-physical Framework for Modern Science*. New York: Paragon House of Publishers.

Stanford, Kyle. (2013). "Underdetermination of Scientific Theory", *The Stanford Encyclopedia of Philosophy* (Winter 2013 Edition), Edward N. Zalta (ed.), URL = 〈http://plato. stanford. edu/archives/win2013/entries/scientific-underdetermination/〉.

Thagard, Paul. (1988). *Computational Philosophy of Science*. Cambridge: The MIT Press.

Thornton, Stephen. (2013). "Karl Popper", *The Stanford Encyclopedia of Philosophy* (Spring 2013 Edition), Edward N. Zalta (ed.), URL = 〈http://plato. stanford. edu/archives/spr2013/entries/popper/〉.

van. Fraassen, Bas C. (1980). *The Scientific Image*. Oxford: Oxford University Press.

约翰·奥斯汀. (2010). 感觉与可感物. 陈嘉映译. 北京:商务印书馆.

A·F·查尔默斯.（2007）.科学究竟是什么(第三版).鲁旭东译,北京：商务印书馆.

B·C·范·弗拉森.（2002）.科学的形象.郑祥福译.上海：上海译文出版社.

伊恩·哈金.（2011）.表征与干预——自然科学哲学主题导论.王巍,孟强译.北京：科学出版社.

亚历山大·伯德.（2008）.科学哲学.贾玉树,荣小雪译.北京：中国人民大学出版社.

卡尔·波普尔.（1986）.猜想与反驳——科学知识的增长.傅季重,纪树立,周昌忠,蒋弋为译.上海：上海译文出版社.

——（2008）.科学发现的逻辑.查汝强,邱仁宗,万木春译.北京：中国美术学院出版社.

W·H·牛顿-史密斯.（2006）.科学哲学指南.成素梅,殷杰译.上海：上海科技教育出版社.

哥白尼.（2006）.天体运行论.叶式辉译.北京：北京大学出版社.

恩斯特·马赫.（1986）.感觉的分析.洪谦,唐钺,梁志学等译.北京：商务印书馆.

——（2007）.认识与谬误.李醒民译.北京：商务印书馆.

昂利·彭加勒.（2006）.科学与假设.李醒民译.北京：商务印书馆.

威廉·詹姆士.（1997）.实用主义.陈羽纶,孙瑞禾译.北京：商务印书馆.

拉瑞·劳丹.（1999）.进步及其问题.刘新民译.北京：华夏出版社.

托马斯·库恩.（1981）.必要的张力.纪树立,范岱年,罗慧生译.福州：福建人民出版社.

——（2003）.科学革命的结构.金吾伦、胡新和译.北京：北京大学出版社.

——（2012）.结构之后的路.邱慧译.北京：北京大学出版社.

保罗·费耶阿本德.（2005）.自由社会中的科学.兰征译.上海：上海译文出版社.

——（2006）.知识、科学与相对主义.陈健等译.南京：江苏人民出版社.

——（2007）.反对方法.周昌忠译.上海：上海译文出版社.

——(2010).实在论、理性主义和科学方法.朱萍、张发勇译.南京:江苏人民出版社.

皮埃尔·迪昂.(2005).物理理论的目的和结构.孙小礼,李慎等译.北京.商务印书馆.

W·O·V·蒯因.(2007).从逻辑的观点看.陈启伟等译.北京:中国人民大学出版社.

卡尔·波普尔.猜想与反驳.(1986).傅季重,纪树立,周昌忠译.上海:上海译文出版社.

洪谦主编.(1989).逻辑经验主义.北京:商务印书馆.

莫里茨·石里克.(2007).自然哲学.陈维杭译.北京:商务印书馆.

R·卡尔纳普.(2007).科学哲学导论.张华夏,李平译.北京:中国人民大学出版社.

A.J.艾耶尔.(1981).语言、真理与逻辑.尹大贻译.上海:上海译文出版社.

卡尔·G·亨普尔.(2006).自然科学的哲学.张华夏译.北京:中国人民大学出版社.

希拉里·普特南.(2005).理性、真理与历史.童世骏,李光程译.上海:上海译文出版社.

大卫·布鲁尔.(2001).知识和社会意象.艾彦译.上海:东方出版社.

巴里·巴恩斯,大卫·布鲁尔,约翰·亨利.(2004).科学知识:一种社会学的分析.邢冬梅,蔡仲译.南京:南京大学出版社.

桑德拉·哈丁.(2002).科学的文化多元性——后殖民主义、女性主义和认识论.夏侯炳,谭兆民译.南昌:江西教育出版社.

马克思恩格斯文集(第一卷).(2009).北京:人民出版社.

郭贵春.(2001).科学实在论教程.北京:高等教育出版社.

郭贵春等.(2009).当代科学哲学的发展趋势.北京:经济科学出版社.

司马迁.(1982).史记(第二册).北京:中华书局.

魏洪钟.(2002).细推物理须行乐——李政道的科学风采.上海:上海科技教育出版社.

安维复.(2012).科学哲学新进展——从证实到建构.上海:上海人民出版社.

魏开琼、曹剑波.（2013）.女性主义知识论.北京：光明日报出版社.

陈刚.（2008）.世界层次结构的非还原理论.武汉：华中科技大学出
版社.

图书在版编目(CIP)数据

科学实在论导论/魏洪钟著. —上海:复旦大学出版社,2015.10
(当代哲学问题研读指针丛书/张志林,黄翔主编. 逻辑和科技哲学系列)
ISBN 978-7-309-11518-5

Ⅰ. 科… Ⅱ. 魏… Ⅲ. 科学哲学-研究 Ⅳ. N02

中国版本图书馆 CIP 数据核字(2015)第 129818 号

科学实在论导论
魏洪钟 著
责任编辑/范仁梅

复旦大学出版社有限公司出版发行
上海市国权路 579 号 邮编:200433
网址:fupnet@ fudanpress.com http://www.fudanpress.com
门市零售:86-21-65642857 团体订购:86-21-65118853
外埠邮购:86-21-65109143
浙江新华数码印务有限公司

开本 850×1168 1/32 印张 8.125 字数 141 千
2015 年 10 月第 1 版第 1 次印刷

ISBN 978-7-309-11518-5/N·23
定价:35.00 元